Hocine Djellout

Laser passivement Q-déclenché

Hocine Djellout

Laser passivement Q-déclenché
Principe de fonctionnement et état de l'art

Presses Académiques Francophones

Impressum / Mentions légales

Bibliografische Information der Deutschen Nationalbibliothek: Die Deutsche Nationalbibliothek verzeichnet diese Publikation in der Deutschen Nationalbibliografie; detaillierte bibliografische Daten sind im Internet über http://dnb.d-nb.de abrufbar.

Alle in diesem Buch genannten Marken und Produktnamen unterliegen warenzeichen-, marken- oder patentrechtlichem Schutz bzw. sind Warenzeichen oder eingetragene Warenzeichen der jeweiligen Inhaber. Die Wiedergabe von Marken, Produktnamen, Gebrauchsnamen, Handelsnamen, Warenbezeichnungen u.s.w. in diesem Werk berechtigt auch ohne besondere Kennzeichnung nicht zu der Annahme, dass solche Namen im Sinne der Warenzeichen- und Markenschutzgesetzgebung als frei zu betrachten wären und daher von jedermann benutzt werden dürften.

Information bibliographique publiée par la Deutsche Nationalbibliothek: La Deutsche Nationalbibliothek inscrit cette publication à la Deutsche Nationalbibliografie; des données bibliographiques détaillées sont disponibles sur internet à l'adresse http://dnb.d-nb.de.

Toutes marques et noms de produits mentionnés dans ce livre demeurent sous la protection des marques, des marques déposées et des brevets, et sont des marques ou des marques déposées de leurs détenteurs respectifs. L'utilisation des marques, noms de produits, noms communs, noms commerciaux, descriptions de produits, etc, même sans qu'ils soient mentionnés de façon particulière dans ce livre ne signifie en aucune façon que ces noms peuvent être utilisés sans restriction à l'égard de la législation pour la protection des marques et des marques déposées et pourraient donc être utilisés par quiconque.

Coverbild / Photo de couverture: www.ingimage.com

Verlag / Editeur:
Presses Académiques Francophones
ist ein Imprint der / est une marque déposée de
OmniScriptum GmbH & Co. KG
Heinrich-Böcking-Str. 6-8, 66121 Saarbrücken, Deutschland / Allemagne
Email: info@presses-academiques.com

Herstellung: siehe letzte Seite /
Impression: voir la dernière page
ISBN: 978-3-8381-4459-7

Copyright / Droit d'auteur © 2014 OmniScriptum GmbH & Co. KG
Alle Rechte vorbehalten. / Tous droits réservés. Saarbrücken 2014

Remerciements

Ce travail a été effectué au laboratoire de physique et chimie quantique de l'Université de Mouloud Mammeri de Tizi-Ouzou.

Je remercie en premier lieu notre dieu l'impénétrable qui m'a donné le courage pour compléter la réalisation de mon travail.

J'exprime mes sincères remerciements à monsieur Mokdad Rabah pour m'avoir encadré, pour sa disponibilité et pour son investissement durant cette thèse, ma profonde reconnaissance s'adresse à Monsieur Tamine Mokrane, Monsieur Boukalal Ali, Monsieur Benfdila Arezki, Monsieur Omar Lamrous, Monsieur Farid Ait-Ouamar, Monsieur Mustapha Benarab pour leur aide et leur soutien et surtout pour les corrections et la rédaction des articles. Je tien aussi à remercier Monsieur Mourad Zmirli, ainsi que Monsieur Omar Lamrous pour m'avoir aidé dans ma première inscription en magister au département de physique, mes remerciement vont également aux membres du laboratoire du LPCQ pour leur gentillesse et leur bonne humeurs, je leurs témoigne toutes ma sympathie.

Je remercie très sincèrement Monsieur Amar Hideur pour m'avoir accueilli très chaleureusement au laboratoire CORIA de Rouen durant mon stage, je remercie également les responsables qui mon accorder ce stage.

J'exprime mes remerciements à Monsieur Benfdila Arezki, Monsieur Amar Hideur, Monsieur Amara El-hachem, Monsieur Lounis Mourad pour avoir tous accepter de juger ce modeste travail.

Je tiens aussi à remercier Monsieur Bernard Dussardier ainsi que tous les membres du laboratoire du LPMC de l'université de Nice, car ce travail de thèse est une continuité du travail qui a été effectuer durant mon stage de DEA au sein de ce laboratoire et que c'est vraiment dans ce laboratoire que j'étais initier pour la première fois à la recherche.

Je remercie également l'ensemble des enseignants qui ont contribué à ma formation.

Ma gratitude va également au personnel des départements des sciences exactes ainsi qu'au personnel de la bibliothèque et à tout ceux qui mon aidé de prés ou de loin à la réalisation de cette thèse.

Je remercie toutes les personnes qui me sont chères, en particulier mes parents et tous les membres de ma famille pour l'aide, la confiance et le soutient dont ils ont fait preuve tout au long de ces dernières années.

Enfin, un grand merci à tout mes collègues de l'université de Tizi-Ouzou et de Bejaia pour leur soutien amical et leur bonne humeur.

A mes chers parents

A mes grands parents

A mes frères et sœurs

A touts les membres de ma famille

A mes amis et amies

....

SOMMAIRE

INTRODUCTION GENERALE   06

Chapitre N°1 : Les fondamentaux des fibres optiques

I-1 Fibres optiques   08
    I-1-1 Condition de guidage   09
    I-1-2 Les modes d'une fibre optique   10
    I-1-3-Fibre double gaine   12
    I-1-4-Fibres à large cœur de surface (LMA)   13
    I-1-5-Fibres microstructurées   14

I-2 Les terres rares   17

I-3 Les effets non linéaires   19
    I-3-1-L'effet Kerr   20
    I-3-2-Diffusion Brillouin stimulée (DBS)   22
    I-3-2-Diffusion Raman stimulée (DRS)   23

Chapitre N°2 : Laser Q-déclenché et état de l'art

II-1 Laser Q-déclenché   25
    II-1-1 Q-déclenchement actif   28
       II-1-1-1 Modulateur électro-optique   29
       II-1-1-2 Modulateur acousto-optique   30
    II-1-2 Q-déclenchement passif   31

II-2 Etat de l'art
    II-2-1 Etat de l'art des lasers à fibre ayant des composants optiques en espace libre   34
    II-2-2 Etat de l'art des lasers entièrement fibrés   38
       II-2-2-1 Etat de l'art des lasers entièrement fibrés activement Q-déclenché   39
       II-2-2-1 Etat de l'art des lasers entièrement fibrés passivement Q-déclenché   41

Chapitre N°3 : Description et mise en équation d'une architecture laser avancée entièrement fibrée passivement Q-déclenché par un absorbant saturable $Nd^{3+}:Cr^{4+}$

III-1 Laser entièrement fibré   46
    III-1-1 Le choix des ions de dopage   47
    III-1-2 Combinateur à diode laser   48
    III-1-3 Caractéristiques de la fibre dopée Nd^{3+} et celle dopée Cr^{4+} 49

III-2 Le modèle des équations cinétiques   51
    III-2-1 Equation du milieu amplificateur Nd^{3+} (le gain)   52
    Définition des différents paramètres du diagramme des niveaux d'énergie du Nd^{3+} 54
    Analyse et approximation   56
    III-2-2 Equation du milieu absorbant saturable Cr^{4+} (perte utile)   58
    Définition des différents paramètres du diagramme des niveaux d'énergies du Cr^{4+} 59
    Analyse et approximation   60

III-2-3 Etablissement de l'équation de la densité de photons à l'intérieur de la cavité 62

III-3 Comparaison des résultats des simulations aux résultats expérimentaux 64
III-3-1 Dispositif expérimental réalisé au LPMC de Nice 65
III-3-2 Simulation numérique du dispositif expérimental réalisé au LPMC de Nice 67

Chapitre N°4 : Etude de la stabilité linéaire et simulation numérique de l'architecture proposée du laser

IV-1 Etude de la stabilité linéaire 78
IV-1-1 Détermination de la puissance pompe seuil 79
IV-1-1-1 Détermination de la puissance pompe seuil pour une cavité laser sans absorbant saturable 80
IV-1-1-2 Détermination de la puissance pompe seuil pour une cavité laser en présence de l'absorbant saturable 81
IV-1-1-2-1 Effet de la concentration du milieu amplificateur dopée Nd^{3+} et de sa longueur sur la puissance pompe seuil 82
IV-1-1-2-2 Effet de la concentration du milieu absorbant saturable dopée Cr^{4+} et de sa longueur sur la puissance pompe seuil 83

IV-1-2 Analyse de la stabilité linéaire et régimes de fonctionnement du laser 84
IV-1-2-1 Régimes de fonctionnement du laser proposé pour une cavité laser sans absorbant saturable en fonction de la puissance pompe 86
IV-1-2-2 Régimes de fonctionnement du laser proposé pour une cavité laser avec absorbant saturable en fonction de la puissance pompe 87
IV-1-2-3 Régimes de fonctionnement avec d'autres paramètres du laser proposé pour une cavité laser avec absorbant saturable en fonction de la puissance pompe 89
IV-1-2-4 Influence de la concentration en ions absorbant saturable l'obtention du régime de faible et de forte amplitude 92

IV-2 Dynamique des régimes de faible et de forte amplitude 97
IV-2-1 Influence de la concentration des ions amplificateurs Nd^{3+} et absorbant saturable Cr^{4+} sur la puissance crête des impulsions laser 97
IV-2-2 Influence de la concentration des ions absorbant saturable Cr^{4+} sur la largeur à mi-hauteur des impulsions laser 99
IV-2-3 Influence de la puissance pompe sur les caractéristiques des impulsions laser obtenue pour les régimes de faible et de forte ampli 100

IV-3 Équation analytique optimisée du fonctionnement impulsionnel du laser 103

CONCLUSION GENERALE 108
Bibliographies 111

INTRODUCTION GENERALE

Ces dernières années des lasers à fibre dopées aux ions de terre rares ont étaient développés et leur puissance a considérablement augmenté, ce qui leur a permis d'entrer en compétitons avec d'autre types de lasers, comme par exemple les lasers Nd:YAG, les lasers CO_2 et les lasers à semi-conducteurs. Les lasers à fibres ont beaucoup plus d'avantages, comparés à ces derniers : ils ont une bonne gestion thermique, ils sont compacts, légers et sont dotés d'une bonne qualité de faisceau. Bien que la conception des lasers à fibre à cœur monomode soient escomptés, le faible diamètre du cœur présente des inconvénients pour les hautes puissances à savoir : le seuil de dommage des fibres est vite atteint, induction des effets non linéaires tels que la diffusion Raman stimulée et la diffusion Brillouin stimulée, car le seuil de ces effets est inversement proportionnel à la surface effective du mode. Des fibres à cœur large fonctionnent sur plusieurs modes transverses. Néanmoins, cette caractéristique présente un problème significatif, car pour certaines applications de puissances une bonne qualité du faisceau doit être requise. A cet effet, beaucoup d'efforts sont actuellement déployés pour développer des lasers à fibres de puissance avec des qualités de faisceau optimales. Grâce à l'utilisation de certaines fibres spéciales, comme par exemple des fibres à double gaines (DCF), ou des fibres à large cœur de surface (LMA fiber) et les fibre microstructurées la puissance délivrée par ce type de lasers a considérablement augmenté atteignant des valeurs de plusieurs KW que ça soit en fonctionnement continu [15], en impulsionnel activement Q-déclenché [16] ou passivement Q-déclenché [17], avec un faisceau de qualité pouvant approcher la limite de diffraction. Cependant ces lasers contiennent des éléments optiques fragiles et coûteux. Le fonctionnement de tels lasers en espace libre et la difficulté d'alignement des différents éléments de leurs cavités nécessitent une attention subtile réduisant ainsi leur efficacité et induisent une restriction de leur domaine d'applications.

Pour atteindre l'intégration complète en tout fibre, plusieurs solutions ont été déjà proposées. Une équipe de recherche rattachée au LPMC (Laboratoire de physique des matériaux condensés) de Nice

[18] est la première qui a réalisée un laser entièrement fibré dopé au Nd^{3+} passivement Q-déclenché, par un absorbant saturable qui est aussi une fibre dopée Cr^{4+}, Cependant la puissance délivrée par ce laser est relativement faibles. Plusieurs autres études ont été effectuées, notamment par une équipe de recherche russe [19], ou on démarrant de la même idée que celle du laboratoire du LPMC de Nice ils ont réalisé plusieurs lasers entièrement fibrées avec d'autres terres rares et ils ont pu obtenir des puissances de plusieurs KW, cependant la qualité spectrale et spatiale de leurs laser n'est pas optimisées, car leurs architectures laser comporte des fibres optiques usuelles qui sont assujettis à l'apparition des effets non linéaires.

Le présent travail s'inscrit dans ce contexte où nous proposons un schéma expérimental d'un laser entièrement fibré passivement Q-déclenché par absorbant saturable, compact, léger et ne nécessitant pas l'alignement de ses différents éléments, fonctionnant en monomode transverse et délivrant de fortes puissances. Ce manuscrit présente une étude articulée sur quatre chapitres :

1. Dans le premier chapitre nous présenterons les notions de base des fibres optiques simples et spéciales tel que les fibres à doubles gaines et à large cœur de surface ainsi que les fibres microstructurées et puis quelques rappels sur les effets non linéaires.

2. Le second chapitre expose le principe de fonctionnement d'un laser passivement Q-déclenché suivi de l'état de l'art en décrivant les réalisations des dernières années concernant les lasers à fibres fonctionnant en régime continu ou impulsionnel activement et passivement Q-déclenchés.

3. Dans le troisième chapitre nous avons proposé un schéma expérimental d'un laser à fibre de haute puissance en présentant l'intérêt et l'utilité de chaque élément le composant. La modélisation du fonctionnement de ce laser s'est réalisée grâce à trois équations cinétiques.

4. Le quatrième et dernier chapitre a pour objectif d'étudier les différents régimes de fonctionnement du laser à l'aide de la stabilité linéaire, des simulations numériques en considérant la dynamique du laser et optimiser quelques paramètres afin d'acquérir des impulsions lasers de haute puissances.

Chapitre **I**

Les fondamentaux des fibres optiques.

Introduction

L'objectif de ce chapitre est de donné un bref aperçu sur les fondamentaux des fibres optiques, dans la première partie on fera un rappel sur le principe du guidage de la lumière dans les fibres optiques, on rappellera alors le principe du guidage avec l'approche géométrique ensuite avec l'approche ondulatoire, après on présentera les différentes fibres optiques spéciales qui sont très utilisées ces dernières années dans les amplificateurs et les lasers de haute puissance tel que les fibres à doubles gaines (DCF) et les fibres à large cœur de surface (LMA) et les fibres microstructurés, ensuite on présentera la spectroscopies des ions de terres rares qui sont utilisées comme milieu actifs dans les lasers, et puisen fin on fera un rappel sur les effets non linéaires dans les fibres optiques tel que la diffusion Brillouin stimulée et la diffusion Raman stimulé, on s'intéressera en particulier au seuil de leurs apparitions afin de les évités.

I-1 Fibres optiques

Une fibre optique est un guide d'onde à symétrie cylindrique, constitué d'un cœur d'indice de réfraction $n_c(r)$, entouré d'une gaine d'indice de réfraction n_g, plus faible que $n_c(r)$ voir figure (1.1). Quand $n_c(r)$ est constante la fibre est dite à saut d'indice, par contre lorsque $n_c(r)$ décroit selon la formule suivante $n_c(r) = n_c \sqrt{1 - 2\Delta \left(\dfrac{r}{a}\right)^{\alpha}}$ alors la fibre est dite à gradient d'indice, avec

$\Delta = \dfrac{n_c^2 - n_g^2}{2n_g}$, r la distance à l'axe, a est le rayon du cœur, α l'exposant du profil d'indice.

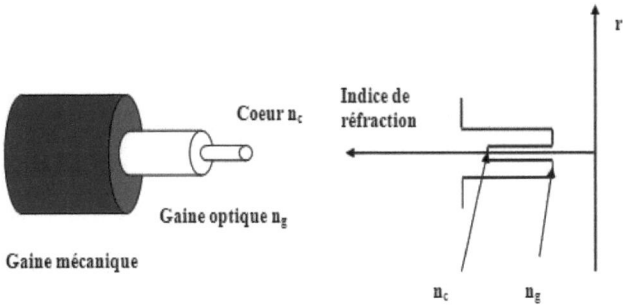

Figure (1.1) : Schéma d'une fibre à saut d'indice

I-1-1 Condition de guidage

Le guidage de la lumière dans une fibre optique se fait par réflexion totale à l'interface cœur-gaine, un rayon lumineux se propageant dans l'air sous incidence θ' par apport à l'axe de la fibre optique, se verra transmis à l'intérieur du cœur de la fibre avec un angle θ voir figure (1.2), d'après la loi de Snell-Decartes on obtient :

$$sin\theta' = n_c \, sin\theta$$

Une réflexion totale à l'interface cœur-gaine de la fibre optique existe si la condition suivante est satisfaite :

$$n_c cos\theta_c = n_g$$

Nous obtenons alors une condition sur l'angle d'incidence maximale ou bien critique θ'_c que doit avoir le rayon se propageant dans l'air pour qu'il soit guidé dans la fibre, on définit alors une grandeur communément appelé l'ouverture numérique.

$$ON = sin\theta'_c = \sqrt{n_c^2 - n_g^2}$$

Qui signifie que pour qu'un rayon lumineux à l'entrée de la fibre soit guidé, il faut qu'il ait un angle d'incidence θ inférieur à l'angle d'incidence maximale θ'_c voir figure (1.2).

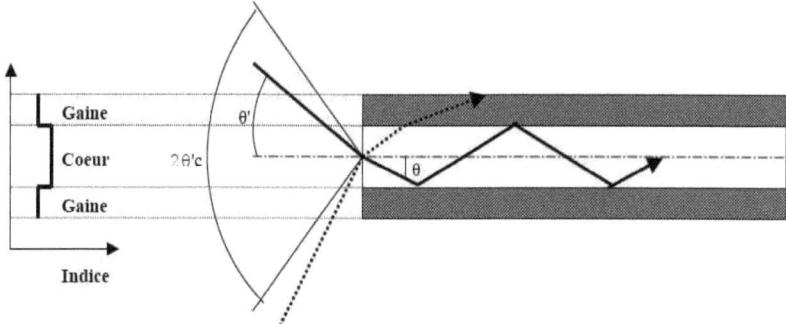

Figure (1.2) : Transmission d'un rayon lumineux à travers un guide d'onde et définition de l'ouverture numérique.

Ainsi le rayon à l'intérieur de la fibre optique est guidé par réflexion totale à l'interface cœur-gaine. Ceci reste vrai même si la fibre n'est pas rectiligne, à condition que la courbure ne soit pas trop forte.

I-1-2 Les modes d'une fibre optique

La lumière est une onde électromagnétique. Elle possède deux composantes perpendiculaires à sa direction de propagation :

- Un champ électrique $\vec{E}$

- Un champ magnétique $\vec{H}$

Suivant la polarisation de l'onde électromagnétique, on peut obtenir deux types de propagations pour chaque mode :

- mode TE (Transverse Electrique) : le vecteur champ électrique est parallèle au plan d'incidence du faisceau.

- mode TM (Transverse magnétique) : le vecteur champ magnétique est perpendiculaire au plans d'incidence du faisceau.

Prenons l'exemple d'une fibre optique, guide d'onde caractérisé par son profil d'indice n(r) invariant le long de l'axe de propagation z. Le champ électromagnétique obéit aux équations de Maxwell. A une fréquence donnée ω, on cherche les modes, c'est-à-dire les solutions sous la forme séparable :

$$\vec{E} = \vec{e}(r,\phi)\exp[i(\beta z - \omega t)]$$

$$\vec{H} = \vec{h}(r,\phi)\exp[i(\beta z - \omega t)]$$

où $(\vec{e},\vec{h})$ est la distribution d'amplitude du champ électromagnétique dans le plans de section droite (r,ϕ), et β la constante de propagation du mode.

Dans le cas d'une fibre pour laquelle Δn est faible (la variation d'indice entre le cœur et la gaine est faible), on peut se contenter d'une approximation scalaire et écrire indifféremment pour chaque composante électrique et magnétique :

$$\Delta \vec{E} - \frac{1}{C^2}\frac{\partial^2 \vec{E}}{\partial t^2} = 0$$

Si l'on cherche alors la solution des différents modes de propagation, on doit alors résoudre l'équation de Helmholtz :

$$\Delta_t \vec{e} + (k^2 n^2 - \beta^2) = 0$$

où k est le nombre d'onde, β la constante de propagation du mode et Δ_t le Laplacien transverse qui s'identifie en coordonnées cylindriques à :

$$\frac{\partial^2}{\partial r^2} + \frac{1}{r}\frac{\partial}{\partial r} + \frac{1}{r^2}\frac{\partial^2}{\partial \phi^2}$$

De plus, on cherche les solutions telles que la partie transversale du mode se sépare en parties radiale et azimutale selon :

$$e(r,\phi) = \psi(r)\genfrac{}{}{0pt}{}{\cos \ell\phi}{\sin \ell\phi}$$

avec ℓ un entier positif ou nul qui donne le nombre de zéros azimutaux du champ : ainsi lorsque $\ell = 0$, les modes n'ont pas de dépendance azimutale et sont donc de symétrie circulaire. D'une façon générale on doit résoudre :

$$\frac{\partial^2 \psi}{\partial r^2} + \frac{1}{r}\frac{\partial \psi}{\partial r} + \frac{\ell^2}{r^2}\psi + (k^2 n^2 - \beta^2)\psi = 0$$

- Dans le cas où β < kn on doit résoudre une équation différentielle de Bessel

- Dans le cas où β > kn on doit résoudre une équation différentielle de Bessel modifiée.

Prenons le cas d'une fibre avec une structure cœur gaine. Soit n_c l'indice de réfraction du cœur de rayon r_1, et n_g l'indice de réfraction de la gaine de rayon infini, on obtient :

$$\psi(r) = \frac{J_\ell(U r / r_1)}{J_\ell(U)} \quad \text{au niveau du cœur}$$

$$\psi(r) = \frac{K_\ell(W r / r_\infty)}{K_\ell(W)} \quad \text{au niveau de la gaine optique}$$

Où J_ℓ est une fonction de Bessel et K_ℓ une fonction de Bessel modifiée d'ordre ℓ. U et W sont des paramètres modaux liés à la constante de propagation β et définis par :

$$U^2 = r_1^2 (k^2 n_c^2 - \beta^2)$$

$$W^2 = r_1^2 (\beta^2 - k^2 n_g^2)$$

et de tel sorte que :

$$U^2 + W^2 = V^2$$

Avec

$$V = k r_1 \sqrt{n_c^2 - n_g^2}$$

Qui définit le paramètre du guide ou la fréquence normalisée. La valeur de V détermine le régime d'opération :

- Si V < 2.4 alors un seul mode peut se propager dans le guide, c'est le mode fondamental, on a donc une fibre monomode. Dans ce cas, $\ell = 0$ et le profil de champ du mode fondamental s'apparente à une gaussienne.

- Si V > 2.4 alors plusieurs modes peuvent se propager, on a donc une fibre multimodes.

I-1-3 Fibre à double gaine

La fibre à double gaine permet d'augmenter considérablement la puissance pompe pouvant être couplée dans une fibre optique, tout en maintenant un cœur monomode. La différence entre une fibre à double gaine et une fibre standard est montrée en figure (1.3), ayant une deuxième gaine, un laser pompe très puissant peut être guidé dans la gaine interne de la fibre puisque celle-ci possède une grande surface et une grande ouverture numérique. Lors de sa propagation dans la fibre, la puissance pompe se transfère de la gaine interne vers le cœur et permet ainsi d'amplifier le signal monomode s'y propageant.

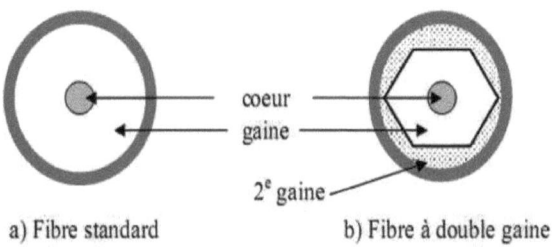

Figure (1.3) : Différence entre une fibre standard et une fibre double gaine

La gaine interne possède habituellement une forme non circulaire, comme il est montré sur la figure (1.3), pour favoriser le transfert du signal pompe vers le cœur, puisque l'absorption de la pompe est beaucoup plus lente avec une fibre à double gaine. Par conséquent, des dizaines de watts peuvent être couplés dans une fibre à double gaine pour permettre de concevoir des lasers de haute puissance.

I-1-4 Fibres à large cœur de surface (LMA)

Pour qu'une fibre à saut d'indice soit monomode transverse, il faut que la fréquence normalisée V soit inférieur à 2.405, comme $V = k r_1 \sqrt{n_c^2 - n_g^2} = \frac{2\pi}{\lambda} r_1 ON$, ON est l'ouverture numérique de la fibre, si on veut augmenter le rayon du cœur de la fibre pour véhiculer plus de puissance et que elle soit toujours monomode transverse, alors, il faut diminuer l'ouverture numérique c'est à dire la différence d'indice $\Delta n = n_c - n_g$ entre le cœur et la gaine de la fibre. La valeur typique de l'ouverture numérique d'une fibre standard ayant une surface modale d'environ 80 - 100 μm^2 est de l'ordre de 0.1 correspondant à une différence d'indice entre le cœur et la gaine de quelques 10^{-3}

Pour avoir des fibres à large cœur de surface (LMA fibre) il faut alors diminuer plus la différence d'indice entre le cœur et la gaine pour avoir une ouverture numérique plus faible. Cependant, il y a une limite pour la différence indicielle qu'on ne peut pas dépasser avec les techniques de fabrications des fibres usuelles. Pour avoir un fonctionnement monomode, on utilise alors les méthodes de filtrage des modes d'ordre élevés.

Une solution consiste à fabriquer des fibres à gros cœur de l'ordre (de 30 à 40μm de diamètre) avec une ouverture numérique de l'ordre de 0.06, cette fibre supporte quelques modes, pour ne conserver que le mode fondamental LP$_{01}$, on fait un filtrage spatial on courbant la fibre avec un rayon de courbure choisi judicieusement de tel sorte à induire beaucoup de pertes pour les modes d'ordre élevés, on utilisant cette technique une équipe a réussi à amplifier des impulsions laser à une énergie de 4 mJ avec une fibre qui a un cœur de diamètre 30 μm et une ouverture numérique de 0.06, le facteur de qualité spatiale du faisceau été de 1.1 proche de la limite de diffraction [1].

Une autre méthode de filtrage spatiale a été proposé, c'est le filtrage par amincissement local [2], la fibre à double gaines a été localement amincie par fusion étirage, sur une longueur de 3cm, dans la région non aminci la fibre supporte environ 10 modes, contre le seul mode dans la région amincie.

Une autre technique originale consiste à utilisé une fibre à cœur hélicoïdal [3], dans ce cas, seul le cœur de la fibre est courbé, ainsi, les pertes des modes d'ordre élevé est assuré même si la fibre est maintenus droite, l'avantage de cette technique est qu'elle s'affranchie du problème de la rupture de la fibre. Cependant la fabrication de telles fibres est très difficile.

I-1-5 Fibres microstructurées

Les fibres optiques microstructurées sont d'un type très différent des fibres conventionnelles, elles existent sous une grande variété de profils, mais elles se composent en commun d'un réseau périodique en deux dimensions de trous d'aire distribués parallèlement à l'axe de propagation dans une matrice faite généralement de silice. Les paramètres important qui définissent les conditions du guidage sont le diamètre *d* des trous d'aire et le pas caractéristique Λ qui est la distance entre deux centres de trou d'air adjacent (d est inferieur à Λ), la structure est invariante tout au long de la fibre microstructurée voir figure (1.4). La première réalisation d'une telle fibre remonte à la moitié des années 90 [4] par contre l'idée remonte au années 70 [5].

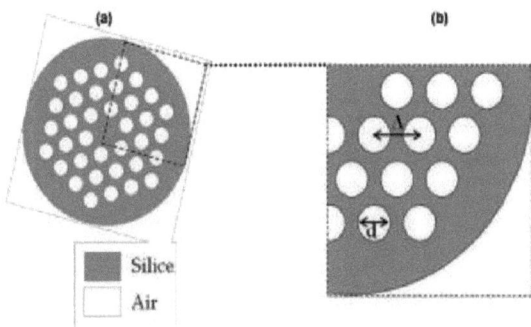

*Figure (1.4) : a) Section transverse de la fibre microstructurée,
b) Définition des paramètres géométriques de la gaine microstructurée.*

On distingue deux types de fibres microstructurées, le premier type est celles pour laquelle le guidage se fait par réflexion totale interne modifié, et le deuxième type est celle pour laquelle le guidage se fait par effet de bande interdite photonique. Dans le premier type le guidage de la lumière est semblable à celui des fibres usuelles, car l'indice de réfraction du cœur de la fibre microstructurée dans laquelle est guidée la lumière est supérieur à l'indice de réfraction moyen de celui de la gaine microstructurée car elle comporte des trous d'aire. De même que les fibres usuelles, on peut définir une fréquence normalisée pour ce type de fibre, elle est donnée par :

$$V = \frac{2\pi}{\lambda} a_{eq} \sqrt{n_{SiO2}^2 - n_{SFM}^2}$$

n_{SiO2} est l'indice de réfraction de la silice, et n_{SFM} est l'indice effective du mode fondamental de la gaine supposée infini, ce mode fondamental à l'instar du mode LP$_{01}$ des fibres standards, est celui qui possède l'intégrale de recouvrement la plus importante, c'est pour cela que ce mode est appelé (Space Filling mode), le rayon du cœur est évaluer à $a_{eq} \approx 0.64$ Λ dans le domaine ou la fibre est indéfiniment unimodale ceci est réaliser quand le rapport $\frac{d}{\Lambda}$ est inferieur à 0.4 [6], la condition d'unimodalité $V < 2.405$ est encore vérifiée. De là, on peut comprendre l'intérêt des fibres microstructurées pour les applications de haute puissance, on augmentant Λ on augmente la taille du cœur de la fibre en conservant l'aspect unimodal transverse on adaptant bien sure le rapport $\frac{d}{\Lambda}$, avec ce genre de fibre on peut gagné un facteur de grandeur inferieur comparativement aux fibres standards dans la différence indicielle entre cœur et gaine microstructurée, on peut ainsi la diminuer jusqu'à 10^{-4}.

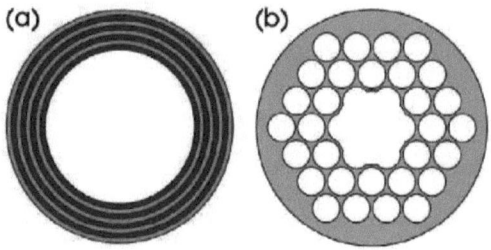

Figure (1.5) : Fibre à cristaux photonique à bande photonique interdite, a) Structure Bragg, b) Fibre microstructurée aire-silice à cœur creux (structure Kagome).

Dans le deuxième types des fibres microstructurées, le guidage se fait par bande photonique interdite, ces fibres sont dite à cœur creux si celui-ci est fait d'air, mais il existe aussi des fibres tout solide pour lesquelles l'indice de réfraction du cœur est inferieur à celui de la gaine. Il existe deux sortes de ces fibres, structure Kagome comme le montre la figure (1.5) et fibre de Bragg, dans cette dernière la gaine optique est structurée en une série d'anneaux concentriques.

I-2 Les terres rares

Les ions de terre rares font partie de la famille des lanthanides, leur numéros atomique est compris entre Z = 57 et Z = 71 voir le tableau (1.1), leur propriétés spectroscopique est une conséquence de leur structure électronique, leur structure est celle du Xenon ($1s^2\ 2s^2\ 2p^6\ 3s^2\ 3p^6 3d^{10}\ 4s^2\ 4p^6\ 4d^{10}\ 5s^2\ 5p^6$) à laquelle s'ajoute les électrons 4f, 6s, et éventuellement les 5d. Dans les matériaux solides on les trouve en général sous forme d'ions trivalent de structure (Xe) $4f^N$, ceci est obtenus on retirant les électrons des couches 6s et un électron 4f ou bien un électron 5d. La configuration électronique de quelques atomes neutres et de leurs ions est donnée :

Néodyme (Nd) : (Xe) $4f^4\ 6s^2$ et Nd^{3+} : (Xe) $4f^3$.

Ytterbium (Yb) : (Xe) $4f^{14}\ 6s^2$ et Yb^{3+} : (Xe) $4f^{13}$

Holonium (Ho) : (Xe) $4f^{11}\ 6s^2$ et Ho^{3+} : (Xe) $4f^{10}$

Samarium (Sm) : (Xe) $4f^6\ 6s^2$ et Sm^{3+} : (Xe) $4f^5$

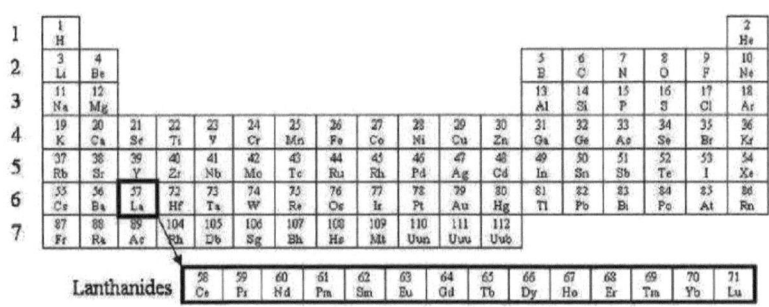

Tableau (1.1) : Position des lanthanides dans la classification périodiques.

La principale caractéristique des terres rares et la contraction de la couche des électrons 4f, cette contraction débute avec la famille des lanthanides et elle est connue sous le nom de contraction des lanthanides, en effet la fonction d'onde radiale de probabilité de l'orbitale 4f est plus proche du noyau que celles des orbitales 5s et 5p ainsi les électrons de la couche 4f se trouve plus proche du noyau que ceux des couche 5s et 5p, ceci est due à la présence d'un puis de potentiel prés du noyau atomique, la figure (1.6) nous montres la distribution radiale de probabilité des orbitales 4f, 5s et 5p de l'ion Pr^{3+}. Les propriétés électroniques des terres rares fait que les lanthanides sont moins sensibles à leur environnement car ils sont protégé par les électrons des couches 5s et 5p et que leurs propriétés spectroscopique est fortement lier aux nombres d'électrons présent dans la couche 4f.

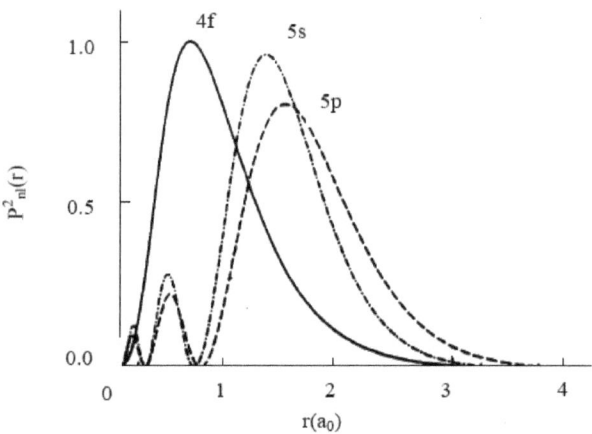

Figure (1.6) : Distribution radiales de probabilité des orbitales 4f, 5s, 5p. D'après [7].

L'incorporation d'un ion de terre rare dans une matrice vitreuse ou cristalline engendre la levée de dégénérescence des niveaux d'énergies de ce dernier, ceci est causé par l'effet Stark, en effet l'ion incorporé dans la matrice haute, voit un champ électrique permanant créer par les atomes environnant, l'Hamiltonien de l'ion incorporé se voit ainsi modifier et contiens un terme en plus comparativement à l'ion libre, ce terme est l'énergie d'interaction entre l'ion et la matrice haute, puisque ce terme est faible par apport l'Hamiltonien de l'ion libre alors il est traité comme une perturbation qui entraine la levée de dégénérescence. L'éclatement des niveaux d'énergies en sous niveau Stark engendre un grand nombre de transition optique comparativement à l'ion libre. Dans la matrice cristalline le champ électrique que voit l'ion est presque invariant d'un endroit de la matrice à un autre, par contre dans la matrice vitreuse, le champ électrique varie beaucoup, car dans la matrice vitreuse il y a une grande variété de sites cristallins ce qui engendre un élargissement inhomogène des transitions optiques,

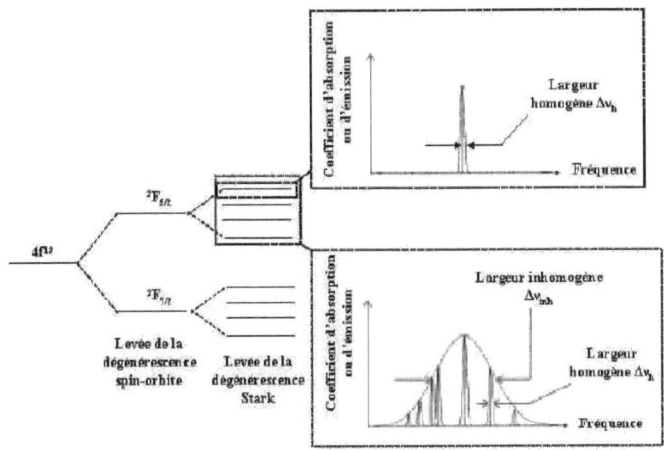

Figure (1.7) : Représentation des différents éclatements et d'élargissements des niveaux d'énergies pour l'ions Yterbium Yb^{3+} [8-roy].

La figure (1.7) nous montre la levée de dégénérescence des niveaux d'énergies et l'élargissement homogène et inhomogène pour l'ions Ytterbium.

I-3 Les effets non linéaires

La silice est le matériau avec lequel les fibres optiques sont fabriquées, malgré que ce dernier ne soit pas hautement non linéaire, des effets non linéaires peuvent apparaitre à faible puissance à cause de la dimension réduite du cœur des fibres optiques dans lequel le mode est confiné sur une grande distance. L'origine des effets non linéaires est liée à la dépendance non linéaire de la polarisation induite par le champ électrique de la lumière se propageant dans le matériau [9], dans certains cas les effets non linéaires sont recherchés, comme par exemple dans la génération des longueurs d'onde laser dont il est difficile de produire [10], [11] ou par exemple la compression d'impulsion laser par la diffusion Brillouin stimulée [12], par contre dans certain cas on cherche à les éviter, comme dans le cas des lasers à bande spectrale étroite. Parmi les effets non linéaires il y a les effets élastiques comme l'effet Kerr ou il n'y a pas d'échange d'énergie entre la pompe et le milieu de propagation, et les effets non élastiques comme la diffusion Brillouin stimulée et la diffusion Raman stimulée, dans ces cas il y a échange d'énergie entre la pompe et le milieu de propagation.

I-3-1 L'effet Kerr

Il y a apparition de l'effet Kerr lorsque l'intensité lumineuse devient importante, cet effet est lié à la dépendance de l'indice de réfraction avec l'intensité lumineuse [9].

$$n = n_0 + n_2|E^2| = n_0 + n_2\,I(t)$$

n_0 est l'indice de réfraction linéaire du matériau (dans les fibres optiques c'est celui de la silice), n_2 est l'indice de réfraction non linéaire, il dépend de la composition des dopants du cœur des fibres optiques et sa valeur varie entre 2.2-3.9 X10^{-20} m^2/W [13], E est le champ électrique de l'onde lumineuse. L'effet Kerr est à l'origine de plusieurs effets non linéaires tel que l'auto modulation de phase (Self Phase Modulation SPM).

Lors de la propagation d'une impulsion sur une distance L dans une fibre optique, elle subit un changement de phase non linéaire $\phi_{NL} = \frac{2\pi n_2 L}{\lambda} I$ qui induit un décalage de la fréquence propre de l'impulsion à cause de la dépendance temporelle de la phase non linéaire à travers l'intensité optique I, λ est la longueur d'onde optique. Le décalage en fréquence est donnée par :

$$\delta\omega = -\frac{\partial \Phi_{NL}}{\partial t} = -\frac{2\pi\, n_2\, L}{\lambda}\frac{\partial I}{\partial t}$$

La figure (1.8) nous montre l'effet de l'auto modulation de phase sur le spectre d'une impulsion gaussienne.

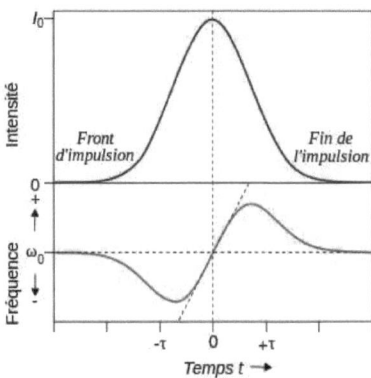

Figure (1.8) : Effet de l'auto modulation de phase sur le spectre d'une impulsion gaussienne.

Dans le cas d'une impulsion symétrique temporellement, l'élargissement spectrale sera luis aussi symétrique, le front de l'impulsion est décaler vers le rouge (vers les grandes longueurs d'ondes) par contre l'arrière de l'impulsion est décaler vers le bleu (vers les petites longueurs d'onde) comme le montre la figure (1.8), en absence de la dispersion, le profil temporelle de l'impulsion ne change pas, par contre en présence de la dispersion normal (Groupe Velocity Dispersion GVD), l'impulsion est élargit temporellement car le front de l'impulsion se propage plus rapidement et celui de la queue se propage lentement, par contre dans le cas de la dispersion anormal, c'est le contraire qui se passe est ceci mène à l'existence des solutons. Dans le cas des lasers à fibres Q-déclenché l'effet de la GVD est négligée, car la longueur des fibres sont faible et la largeur à mi-hauteur des impulsions sont de plusieurs nanosecondes, alors la SPM se manifeste seulement par l'élargissement du spectre, dans le cas d'une impulsion temporelle gaussienne l'élargissement spectrale est donner par [9]:

$$\frac{\Delta\omega_{rms}}{\Delta\omega_0} = \left(1 + \frac{4}{3\sqrt{3}}\phi_{max}^2\right)^{1/2}$$

Ou $\Delta\omega_0$ représente la largeur spectrale initiale.

De cette équation on voit que pour avoir un élargissement double de celui du spectre initial $\Delta\omega_0$ il faut un changement de phase non linéaire maximal de $\phi_{NL} = \phi_{max} = 2$, de là on peut alors définir la puissance crête seuil de l'impulsion laser pouvant induire cette élargissement spectral.

$$P_{seuil} = \frac{A_{eff} \Phi_{max} \lambda}{2 \pi n_2 L}$$

A_{eff} est la surface effective du mode.

Dans le cas d'une fibre de diamètre 30 µm et de longueur de 1.7 m (c'est le diamètre et la longueur de l'architecture laser entièrement fibrée proposée au chapitre III), on trouve une puissance seuil d'environ 6.4 KW.

I-3-2 Diffusion Brillouin stimulée (DBS)

Contrairement à l'auto modulation de phase, la diffusion Brillouin stimulée est un effet non linéaire inélastique, il résulte de l'interaction entre une onde optique et une onde acoustique dans le milieu diffusant, la DBS se manifeste alors par la génération d'une onde optique rétrodiffusée décalé en fréquence appelé onde de Stokes, l'origine de la DBS est liée à l'électrostriction qui est induite par le signal de battement produit par l'onde de pompe et l'onde de Stokes, ce signal de battement crée alors une sorte de réseau de Bragg qui réfléchie une partie de la pompe, le décalage en fréquence est directement lier à l'effet Doppler induit par la vitesse de propagation des ondes acoustiques dans le milieu, dans le cas de la silice elle est égale à 5.96 km/s, ce qui induit un décalage de fréquence de l'ordre de 11 GHz. Le seuil d'apparition de la diffusion Brillouin stimulé dans le cas d'une pompe de largeur spectrale non fine est donné par [14] :

$$P_{seuil} \approx \frac{21 A_{eff}}{g_B L_{eff}} \frac{\Delta \nu_L}{\Delta \nu_B}$$

Ou g_B est le facteur de gain Brillouin, il est de l'ordre de 5×10^{-11} m/W dans le cas des fibres dopées, A_{eff} est la surface effective du mode de la pompe, $\Delta\nu_L$ est la largeur spectral de la pompe, $\Delta\nu_B$ est la largeur spectral du gain Brillouin qui est d'environ 80 MHz, L_{eff} est la longueur effective de la fibre, dans le cas d'une cavité laser ayant deux miroirs de coefficient de réflexion R_1 et R_2 et un coefficient d'atténuation de la fibre α, L_{eff} est alors donnée par :

$$L_{eff} = \frac{2L}{\left[\ln\left(\frac{1}{R_1 R_2}\right) + \alpha\right]}$$

où L est la longueur de la fibre.

Dans le cas de l'architecture laser qu'on a proposée au chapitre III, le rayon du cœur de la fibre est de 15 µm, la longueur du laser est de 1.7 m et la largeur spectral du laser est de 3 nm ce qui correspond à une fréquence de 7.9×10^{11} Hz, des coefficients de réflexions des miroirs de 100 % et 65 % et une atténuation de 20 % on calcule une puissance seuil de plusieurs centaines de KW. Dans le cas où la largeur spectrale de la pompe est fine, le seuil d'apparition de la diffusion Brillouin stimulée est alors donné simplement par :

$$P_{seuil} \approx \frac{21 \, A_{eff}}{g_B L_{eff}}$$

I-3-2 Diffusion Raman stimulée (DRS)

Comme la diffusion Brillouin stimulée, la diffusion Raman stimulée est un effet non linéaire inélastique, il résulte de l'échange d'énergie entre l'onde de pompe et les niveaux d'énergies de vibrations moléculaires du milieu diffusant (phonons optiques), la DRS se manifeste alors par la génération d'onde optiques Stokes et anti-Stokes qui sont décalés vers le bas et respectivement vers le haut de la fréquence de l'onde de pompe incidente, la fréquence de décalage correspond à la différence d'énergies entre deux niveaux de vibrations moléculaire, dans la silice ce décalage vaux 13 THz, cependant l'onde de Stokes est favorisée au détriment de l'onde anti-Stokes. Comme dans le cas de la DBS ont peut définir une puissance seuil pour l'apparition de l'effet Raman [9]

$$P_{seuil} \approx \frac{16 \, A_{eff}}{g_R L_{eff}}$$

où g_R est le gain Raman dans la silice, il est égal à 3.2×10^{-13} m/W dans la silice, A_{eff} et L_{eff} sont les mêmes que ceux définit pour le seuil de la DBS. On trouve une puissance seuil de 6.54 KW pour l'architecture laser proposée au chapitre III.

Conclusion

Ce chapitre a été consacré aux rappels de quelques notions de base de la physique des fibres optiques, utiles pour la compréhension de ce qui va suivre dans les chapitres à venir. En première étape, le principe, les propriétés ainsi que les modes de fonctionnement des fibres simples et à double gaines ainsi que les fibres à large mode de surface et microstructurées ont étaient décrites, mettant en relief leurs avantages dans l'optimisation de la puissance des lasers à fibres optiques. Ensuite on a rappelé la spectroscopie des terres rares car se sont-elles qui sont utilisées comme milieu actifs dans les lasers à fibres. Quelque effets non linéaires ont été aussi rappelés et leurs seuil d'apparition a été calculer pour l'architecture laser qui sera proposée dans le chapitre III.

Chapitre **II**

Laser Q-déclenché et état de l'art.

Introduction

Ce chapitre est présenté en deux sections. Dans la première, on décrira le principe de fonctionnement des lasers Q-déclenché en mettant en relief le rôle physique des paramètres à considérer lors des calculs de simulation afin d'optimiser les performances de ce type de laser (haute puissance, faibles largeurs à mi-hauteur des impulsions). Par la suite, les différents modulateurs les plus utilisés pour le Q-déclenchement du laser sont décrits. Dans cette optique, on commencera par une présentation des modulateurs actifs (modulateurs électro-optiques et acousto-optiques) et on terminera par le modulateur passif (absorbant saturable) objet d'étude de ce travail de thèse, ce dernier sera celui qui va être étudié dans cette thèse. Dans la deuxième section, l'état de l'art dans le domaine des lasers à fibre Q-déclenché est décrit. A cet effet, les réalisations et les avancées les plus marquantes de ces dernières années sont présentées en mettant en relief les avantages et les inconvénients de leurs architectures lasers.

II-1 Laser Q-déclenché

Un laser Q-déclenché est constitué de deux miroirs qui forment une cavité laser, d'un milieu à gain (milieu amplificateur dont on a établi l'inversion de population par pompage optique ou par tout autre procédé) et d'un modulateur de pertes comme le montre la figure (2.1). Les modulateurs de pertes peuvent être actifs ou passifs, le Q-déclenchement actif a besoin d'un contrôle externe actif de l'élément (comme par exemple un modulateur électro-optique, un modulateur acousto-optique ou tout simplement la présence d'un élément mécanique comme un miroir tournant). L'avantage du déclenchement actif réside dans la capacité de l'expérimentateur de contrôler la fréquence de déclenchement du modulateur de pertes ainsi que la durée pour laquelle il maintient la cavité laser avec des pertes minimales. Ceci permet ainsi d'avoir un contrôle sur la fréquence de répétition des impulsions et *in fine* sur leur largeur à mi-hauteur. En effet, pouvoir contrôler la durée pour laquelle la cavité laser possède le minimum de pertes permet par le choix d'une durée convenable de pouvoir extraire toute l'énergie emmagasinée dans le milieu amplificateur par l'impulsion laser permettant ainsi une meilleure optimisation du laser. C'est pour cette raison que les lasers activement Q-déclenchés sont plus performants comparativement au laser passivement Q-déclenchés. Néanmoins comme nous le décrirons dans le chapitre 4, la possibilité d'extraire toute l'énergie du milieu amplificateur pour les lasers passivement Q-déclenchés par un choix sous certaines conditions des paramètres du laser existe. Pour le déclenchement passif, la modulation des pertes se fait automatiquement avec un absorbant saturable. De plus, l'avantage des lasers passivement Q-déclenchés comparativement au laser activement Q-déclenchés réside dans leurs simplicité et leur faible cout de fabrication.

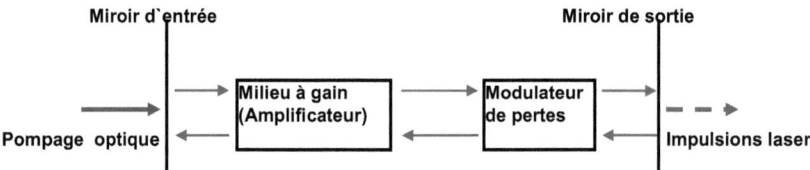

Figure (2.1) : Schéma général d'un laser activement ou passivement Q-déclenché

Le but d'un laser activement ou passivement Q-déclenché est d'avoir des impulsions laser géantes de courte largeur à mi hauteur (quelques nanosecondes) et la réalisation consiste en l'insertion à l'intérieur de la cavité laser d'un composant pouvant moduler les pertes de la cavité laser et ainsi le facteur Q de la cavité résonante. Le processus du Q-déclenchement peut-être décrit comme suit (voir figure (2.2)): Initialement, les pertes de la cavité laser sont très grandes (faible Q) empêchant ainsi l'oscillation laser à l'intérieur de la cavité, alors l'inversion de population du milieu amplificateur (gain) atteint un niveau très élevée comparativement à ce qu'il aurait put atteindre dans le cas d'un niveau faible des pertes. Ensuite, lorsque les pertes sont soudainement minimisées (grand Q), l'oscillation du signal laser à l'intérieur de la cavité est rétablie et la puissance du signal laser se construit rapidement à l'intérieur de la cavité laser. Elle démarre à partir de l'émission spontanée du milieu amplificateur, et puis par amplification sur plusieurs aller retours dans la cavité, toute ou une partie de l'énergie emmagasinée dans le gain sera restituée à l'impulsion laser.

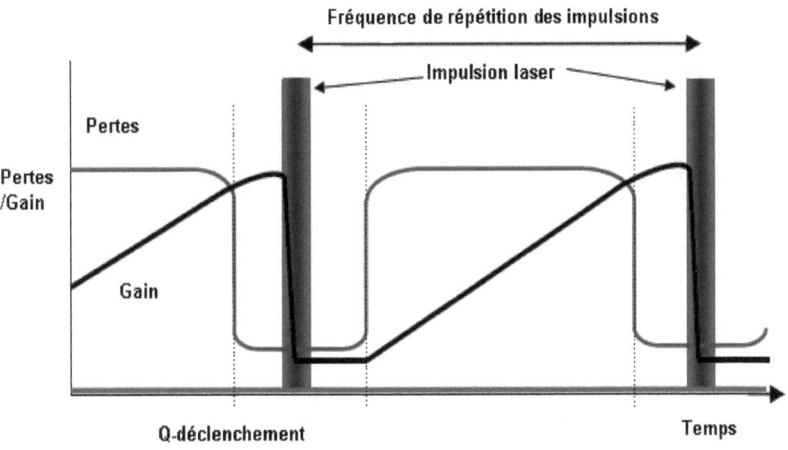

Figure (2.2) : Evolution temporelle des pertes de la cavité et de l'inversion de population (gain) d'un laser Q-déclenché, l'impulsion laser est établie lors du Q-déclenchement.

Dans ce qui suit seront décrits, les critères que doivent remplir les paramètres définissants ce type de laser pour obtenir des puissances élevées et de courte largeur à mi-hauteur des impulsions. Cette description est réalisée en se basant de manière qualitative sur les principes physiques qui nous ont amené à l'adoption de ces critères. Ainsi, pour obtenir un laser de puissance il est nécessaire de disposer d'une forte concentration en ions amplificateurs, d'une forte puissance pompe et aussi d'une cavité laser de courte longueur.

Pourquoi augmenter la concentration des ions amplificateurs ?

En augmentant la concentration des ions amplificateurs, on augmente la probabilité d'obtenir un gain plus important (plus d'inversion de population). En d'autres termes, ces ions amplificateurs jouent le rôle d'un réservoir d'énergie. L'énergie emmagasinée est libérée sous forme de photons laser par émission stimulée, d'où l'intérêt de disposer d'une forte concentration d'ions amplificateurs.

Pourquoi augmenter la puissance pompe ?

Comme la puissance pompe fournit toute l'énergie au système laser, on a intérêt à ce qu'elle soit la maximale. En effet, le nombre d'ions amplificateurs (inversion de population par unité de temps) se trouvant dans un état excité, croit avec la puissance pompe. L'élévation de cette dernière permet en conséquence d'augmenter le nombre d'émissions spontanées par unité de temps et ainsi le nombre d'émissions stimulées par unité de temps. Ceci a pour effet de contribuer à l'augmentation de l'énergie de l'impulsion laser et à la minimisation de la largeur à mi-hauteur de l'impulsion laser.

Pourquoi diminuer la longueur de la cavité laser ?

Il est bien établi que l'impulsion laser se construit sur plusieurs allers-retours des photons à l'intérieur de la cavité laser et par conséquent la largeur à mi-hauteur de l'impulsion laser dépendra fortement du temps d'un aller-retour dans la cavité: $t_r = \dfrac{2l}{c}$, où l représente la longueur optique de la cavité laser et c la vitesse de la lumière dans le vide. Ainsi, une diminution de la longueur de la cavité laser induira une diminution de la largeur à mi-hauteur de l'impulsion en accord aux observations expérimentales et théoriques décrits dans la littérature [20] et [21].

II-1-1 Q-déclenchement actif

Les modulateurs actifs électro-optiques et acousto-optiques sont les plus utilisés par les expérimentateurs [22], [23] et le matériau constituant le modulateur électro-optique acquiert une biréfringence lorsqu'une différence de potentiel lui est appliquée. A cet effet, on peut alors agir sur l'état de polarisation du signal laser à l'intérieur de la cavité par une simple application d'une différence de potentiel. Aussi, en utilisant d'autres composants optiques qui peuvent influencer l'état de polarisation du signal laser, on peut ainsi contrôler le facteur Q de la cavité laser. On distingue deux types d'effet électro-optiques : l'effet électro-optique linéaire (cellule Pockels) pour lequel l'indice de réfraction dépend linéairement de la différence de tension appliquée et l'effet électro-optique quadratique (effet Kerr) où l'indice de réfraction varie quadratiquement avec la tension appliquée.

II-1-1-1 Modulateur électro-optique

Quand une lumière linéairement polarisée se propage suivant l'axe optique du cristal électro-optique, l'état de polarisation à la sortie du cristal reste inchangé aussi longtemps qu'aucune différence de potentiel ne lui soit appliquée. Quand une différence de potentiel est appliquée, le cristal acquiert alors une biréfringence et se comporte comme une lame biréfringente, contrairement aux autres composants optiques. Le retard de phase induit par le cristal électro-optique est contrôlé par la valeur de la différence de potentiel appliqué au cristal. Ainsi pour un retard de phase de $\frac{\pi}{2}$, une tension quart d'onde $\frac{\lambda}{4}$ est nécessaire et pour un retard de phase de π il faudrait alors une tension demi-onde $\frac{\lambda}{2}$.

La figure (2.3) nous montre le schéma standard d'une cavité laser utilisant un cristal électro-optique pour le Q-déclenchement du laser. La lumière émise par le barreau du milieu amplificateur (1) est linéairement polarisée à la sortie du polariseur (2), si une tension quart d'onde est appliqué à la cellule Pockels (3), la lumière sera alors polarisée circulairement à la sortie de la cellule. Après réflexion sur le miroir (4) et un nouveau passage dans la cellule Pockels, la lumière sera alors polarisée linéairement, mais son plan de polarisation sera orienté de 90^0 empêchant ainsi un nouveau passage de la lumière à travers le polariseur. Dans ce cas, il n'y a pas d'oscillation de lumière dans la cavité et le facteur Q de la cavité devient faible. Au moment où le maximum d'énergie est emmagasiné dans le milieu amplificateur, la tension appliquée à la cellule Pockels est rapidement annulée induisant une augmentation du facteur Q de la cavité et une impulsion laser géante est extraite de la cavité laser.

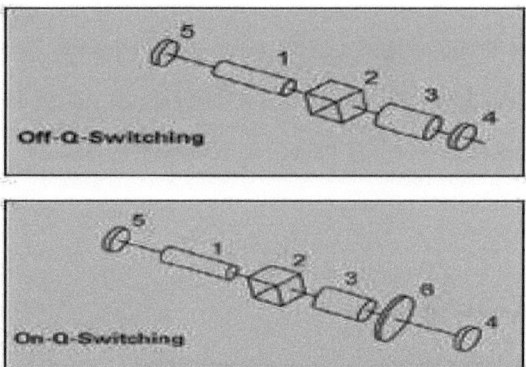

Figure (2.3) : Cavité standard d'un laser activement Q-déclenché par un modulateur électro-optique, a) off-Q-switching, b) on-Q-switching.

Ce mode de déclenchement est appelé off-Q-Switching (on supprime la tension de la cellule Pockels et l'oscillation laser est rétablie). Pour avoir un mode de déclenchement en on-Q-Switching on insère une lame quart d'onde (6) entre la cellule Pockels (3) et le miroir (4). Ainsi, quand aucune tension n'est appliquée à la cellule, la cavité laser est bloquée (pas d'effet laser). Par contre quand on applique une tension à la cellule, l'oscillation laser est rétablie.

II-1-1-2 Modulateur acousto-optique

Un modulateur acousto-optique utilise les propriétés de l'interaction d'une onde acoustique et d'un faisceau lumineux dans un cristal et un signal radio fréquence est appliquée à un transducteur piézo-électrique lequel est collé au cristal. Ce dernier génère des ondes ultrasonores qui se propagent dans le cristal créant une modulation périodique de l'indice de réfraction à travers le cristal qui agit alors comme un réseau de diffraction (voir figure 2.4). Au régime de Bragg (pour un angle d'incidence particulier), un seul ordre de diffraction se produit, les autres sont annihilés par interférences destructives. Le temps de déclenchement des modulateurs acousto-optiques est très grand comparativement à ceux des modulateurs électro-optiques, il dépend fortement de la vitesse de propagation des ondes acoustiques dans le cristal et du diamètre du faisceau lumineux.

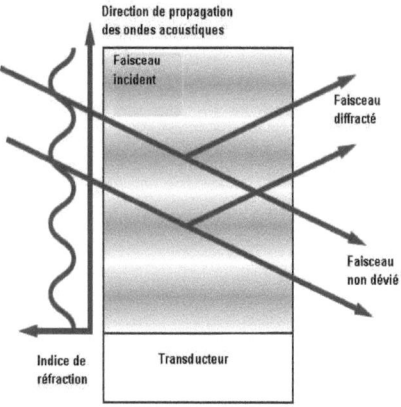

Figure (2.4) : Schéma de principe d'un modulateur acousto-optique.

Si la cavité laser est alignée suivant l'ordre de diffraction 0 (c'est-à-dire avec le faisceau non dévié) le faisceau laser sera alors dévié par application d'un signal radio fréquence au transducteur piézo-électrique, les pertes de la cavité laser sont alors très grandes (faible Q) et l'oscillation laser est supprimée. Durant ce temps d'expérience, le maximum d'énergie est emmagasiné dans le milieu amplificateur sous forme d'inversion de population et en supprimant le signal radio fréquence l'oscillation laser est alors rétablie (grand Q) et toute l'énergie emmagasinée dans le milieu amplificateur est restituée sous forme d'une impulsion laser de courte largeur à mi-hauteur.

II-1-2 Q-déclenchement passif

Dans la configuration du Q-déclenchement passif, la modulation des pertes de la cavité laser s'effectue de manière automatique grâce à la densité de photons présente à l'intérieur de la cavité résonante. Dans ce mode de déclenchement (contrairement au Q-déclenchement actif), la présence d'un transducteur piézoélectrique, de haute tension, d'alimentations électriques externes ainsi que de toutes autres procédés n'est pas nécessaire rendant alors la construction de tels lasers simple et moins coûteuse. La majorité des lasers passivement Q-déclenché utilise des absorbants saturables (ils absorbent à la longueur d'onde d'émission du signal laser et leur transmission varie avec l'intensité lumineuse du signal laser à laquelle ils sont soumis). La figure (2.5) illustre la variation de la transmission d'un absorbant saturable en fonction de l'intensité incidente pour une faible intensité lumineuse, l'absorbant saturable est presque opaque et présente une faible transmission T_0. Au-delà d'une certaine intensité incidente I_{sat}, la transmission de l'absorbant saturable augmente pour atteindre la transmission résiduelle $T_{résiduel}$.

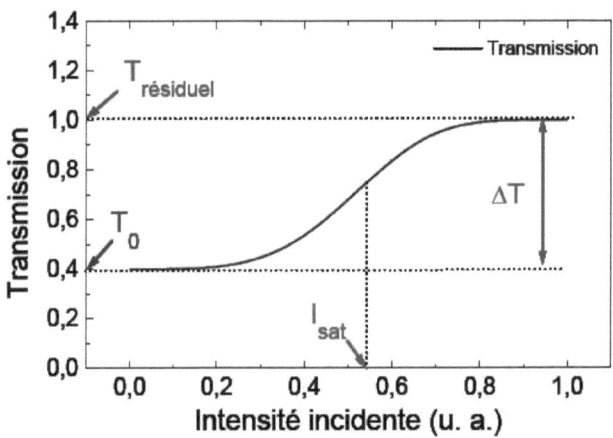

Figure (2.5) : Transmission d'un absorbant saturable en fonction de l'intensité incidente. T_0 est la transmission linéaire, $T_{résiduel}$ est la transmission résiduelle de l'absorbant saturé (dans notre exemple on considère un absorbant saturable parfait donc $T_{résiduel} = 1$), ΔT est la transmission différentielle et I_{sat} est l'intensité de commutation c'est-à-dire l'intensité nécessaire pour blanchir l'absorbant saturable.

Dans un laser passivement Q-déclenché et juste au début du pompage, l'inversion de population est faible pour générer une émission spontanée amplifiée pouvant blanchir l'absorbant saturable. La cavité laser est alors bloquée (faible Q). Avec le temps, l'inversion de population et l'émission spontanée amplifiée augmentent et quand cette dernière atteint une intensité suffisante, l'absorbant saturable est alors blanchi permettant ainsi l'oscillation du signal laser dans la cavité (grand Q). Dans ce cas, toute l'énergie emmagasinée dans le milieu amplificateur sous forme d'inversion de population est restituée sous forme d'une impulsion laser géante. Il existe différents sortes d'absorbants saturables, à base de colorants [24], [25], de cristaux dopés [26-30], de semi-conducteurs sous forme massive comme par exemple le GaAs [31], [32], ou sous forme de puits quantique [33-36], à base de fibre dopée [37-43], à base de nano-fibres de carbones [44], [45]. En outre, on peut moduler d'une manière passive les pertes d'une cavité laser sans utiliser d'absorbants saturables. Ces méthodes utilisent des effets non linéaires comme par exemple la rotation non linéaire de la polarisation [46], [47].

II-2 Etat de l'art

La naissance de l'effet laser remonte aux années 1960, grâce au physicien et ingénieur Américain T. H. Maiman (1927-2007) qui parvient à produire une lumière cohérente à partir d'un laser en utilisant comme milieu actif un barreau de rubis [48]. Les premiers travaux sur une oscillation laser dans une fibre optique datent d'une cinquantaine d'années. Le premier laser à fibre a été conçu par Snitzer en 1961 [49]. La caractéristique principale d'un laser à fibre est le confinement longitudinal des ondes de pompe et de signal dans une structure guidante. Comparativement aux lasers à optique libre (solides et gaz), les lasers à fibre présentent plus d'avantages. Ils sont plus compacts, plus légers et plus efficaces. Les phénomènes bien connus d'échauffement dans les lasers n'existent pas dans les fibres (du moins l'échauffement sous excitation reste très limité et n'influence pas les propriétés de guidage de la fibre et les propriétés de la cavité). Dans les lasers à fibre optique l'efficacité de conversion de pompe peut atteindre l'ordre de 80%. De tels lasers peuvent avoir une meilleure qualité du faisceau grâce au contrôle du mode et à la gestion thermique. Par exemple, les lasers YAG pompés par des lampes à décharge ont une qualité de faisceau médiocre à cause de l'effet de lentilles thermiques qui se manifeste dans le barreau du Nd : YAG. Cet effet est généré par le gradient de température dans la section de celui-ci. La géométrie de la fibre augmente le rapport surface/volume permettant ainsi une dissipation efficace de la chaleur. D'autre part, la maintenance aisée et la vaste plage d'efficacité des lasers à fibres constituent un atout suffisant pour leur préférence par rapport aux autres sources laser à optique libre.

Pour construire un laser de puissance à fibre, certaines contraintes et difficultés doivent-être surmontées. En premier lieu, on doit disposer de puissances pompes très élevées afin d'obtenir une énergie suffisante pour le système laser (les lasers pompes devant fournir plus d'énergie que les lasers à fibre). Ces dernières années, des diodes lasers de hautes puissances ont été développées pouvant émettre des puissances de quelques centaines de Watts. Les hautes puissances optiques peuvent endommager les fibres. La puissance optique à l'intérieur de la fibre est conditionnée par une puissance seuil (définie pour chaque matériau) au dessus de laquelle la fibre présente un risque de détérioration (pour la silice, cette puissance seuil est d'environ 50 GW/cm^2.pour une longueur d'onde de 1064 nm **[50]** et pour une fibre ayant 50 μm^2 de surface effective, la puissance limite est donc de 25 KW. Les effets thermiques peuvent être significatifs aux hautes puissances. Cependant la géométrie de la fibre permet une bonne gestion des ces effets rendant inutile l'usage d'unités externes pour dissiper la chaleur.

Dans ce qui suit sera exposé l'historique ainsi que les différents travaux réalisés durant ces dernières années relatifs aux lasers à fibre. Les différents régimes de fonctionnement : continu, impulsionnel activement Q-déclenché et impulsionnel passivement Q-déclenché y seront présentés. Dans une première étape, on présentera les architectures lasers ayant des composants en espace libre. Les architectures entièrement fibrées sont illustrées dans la deuxième partie.

II-2-1 Etat de l'art des lasers à fibre ayant des composants optiques en espace libre

Le schéma expérimental typique d'un laser à fibre fonctionnant en régime continu (CW) est montré sur la figure (2.6). En 1999 une puissance de sortie de 110 W a été obtenue avec un tel laser, l'efficacité de conversion ainsi mesurée est de 58 % **[51]**. Dans cette expérience, le pompage optique s'est effectué grâce à des diodes lasers.

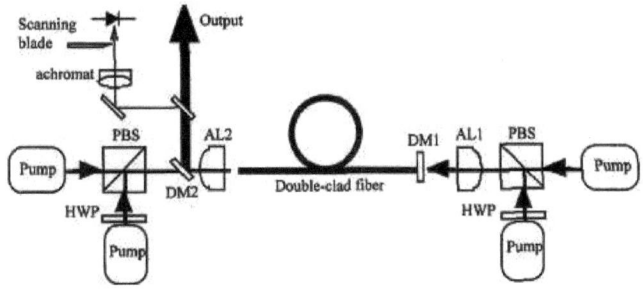

Figure (2.6) : Schéma expérimental typique d'un laser à fibre de haute puissance

Les PBS (séparatrices de faisceau à polarisation) sont utilisées pour combiner les différentes sources pompes dans le but d'acquérir de très hautes puissances à l'intérieur de la fibre. Le miroir dichroïque DM1 est utilisé pour le renvoi du signal laser et le DM2 comme un miroir de sortie. Le rôle des lentilles asphériques AL1 et AL2 est de coupler les faisceaux pompes dans la fibre à double gaines dopée à l'Ytterbium (le facteur qualité M^2 est de 1.7 à 100W).

En 2004, J. Nilsson et ses coéquipiers [52] ont réalisé un laser à fibre double gaines dopé à l'Ytterbium (Yb) de puissance de sortie de 1.36 KW avec un facteur de qualité $M^2 \approx 1.4$ montrant ainsi une qualité de faisceau proche de la limite de diffraction. Le schéma expérimental est illustré sur la figure (2.7). La source pompe utilisée est une association de diodes laser avec une puissance totale de 1.8 KW (le laser fonctionnait à 1.1 μm avec une efficacité de 83%), la fibre à double gaine dopée à l'Ytterbium avait une gaine de la forme D pour augmenter l'efficacité d'absorption de la pompe.

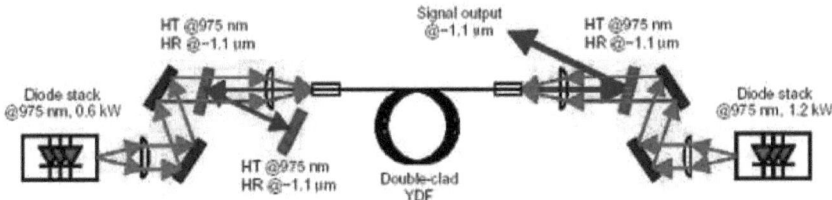

Figure (2.7): Laser à fibre double gaine de haute puissance

Dans le souci d'induire les pertes de courbures pour les modes d'ordre supérieur sans affecter le mode fondamental, la fibre a été courbée d'un diamètre de 20 cm. La figure (2.8) décrit la variation de la puissance de sortie en fonction de la puissance pompe ainsi que le spectre d'émission du laser à 1.36 KW présentant des oscillations sur une large bande de spectre supérieure à une vingtaine de nanomètres.

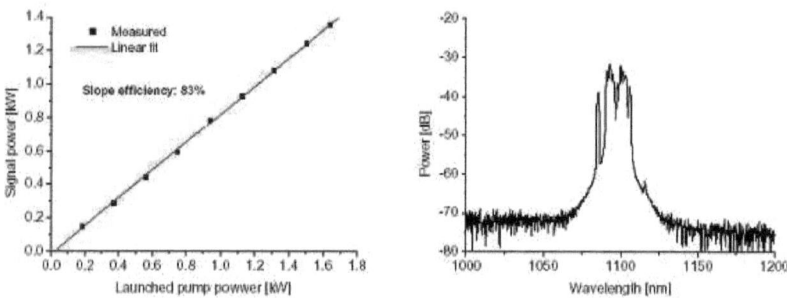

Figure (2.8) : Puissance de sortie en fonction de la puissance pompe et spectre d'émission du laser à 1.36 kW.

Les lasers à fibres pulsées de puissance sont l'objet d'un intérêt grandissant dans de nombreuses de nombreuses applications : ils peuvent être utilisés en médecine, dans le traitement des matériaux, en télémétrie,…etc. Les lasers activement Q-déclenchés peuvent avoir un taux de répétition stable avec des impulsions de hautes énergies.

En 2004, Fan a réalisé un laser à fibre accordable à double gaine dopée Yb en utilisant un Q-déclenchement hybride combinant un modulateur acousto-optique et l'effet Brillouin stimulée [53]. La figure (2.9) présente le schéma expérimental du laser, des puissances crêtes de 153 KW et une largeur à mi-hauteur des impulsions de 4.2 ns sont obtenus, la puissance moyenne ≈ 1.7 W et la fréquence de répétition ≈ 1.5 KHz.

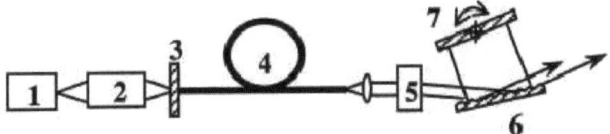

*Figure (2.9) : Schéma du laser à fibre accordable Q-déclenché, **1** : Diode laser de pompage, **2** : Lentille de couplage, **3** : Miroir dichroïque, **4** : Fibre double gaine dopée Yb, **5** : Modulateur acousto-optique, **6** : Réseau de diffraction pour l'accordabilité, **7** : Miroir.*

Un miroir à semi-conducteur qui est un absorbant saturable SESAM (Semiconductor saturable absorber mirrors) peut être utilisé comme absorbant non linéaire pour passivement Q-déclencher un laser à fibre. Dans l'article de Paschotta [54], le miroir SESAM est utilisé comme un composant non linéaire pour générer des impulsions de hautes énergies dans une configuration oscillateur / amplificateur (figure 2.10).

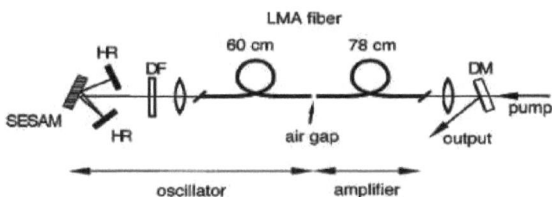

Figure (2.10) : Laser à fibre passivement Q-déclenché par un miroir SESAM

Le miroir dichroïque est utilisé comme miroir de sortie, le milieu actif est une fibre LMA de 60 cm de long et le milieu amplificateur est aussi une fibre LMA de 78 cm. Ce laser à fibre génère des impulsions à un taux de répétitions de 1 khz avec une énergie de 0.11 mJ pour chaque impulsion et une largeur d'impulsion de 10 ns avec une puissance crête de 1 kW. Le taux de répétitions peut être augmenté avec la puissance pompe.

Ces dernières années, des lasers à fibre combinant une puissance moyenne élevée et des très grandes puissances crêtes ont été développés. Liu et al [55] ont fabriqué un laser à fibre pulsé amplifié linéairement et polarisée avec une puissance moyenne de 120 W, une largeur à mi-hauteur des impulsions de 5 ns, et une fréquence de répétition de 10 MHz, la puissance crête est de 2,4 KW. Khitrov *et al* **[56]** ont réalisé un laser à fibre avec une puissance moyenne de 51.4 W, une largeur à mi-hauteur des impulsions de 10 ns, une fréquence de répétition de 500 KHz et une puissance crête de 10.3 KW. Ye *et al* **[57]** pour un laser à fibre pulsé monomode amplifié qui délivre une puissance moyenne de 53 W, une largeur à mi-hauteur des impulsions de 30 ns, une fréquence de répétition de 40KHz et une puissance crête de 44.1 KW. Babushkin *et al* **[58]** pour un laser à fibre avec une fréquence de répétition de 1.8MHz, une puissance moyenne de 46 W, une largeur à mi-hauteur des impulsions de 1.3 ns et une puissance crête de 19.6 KW.

La montée en puissance des lasers à fibre durant ces dernières années est due principalement au développement des fibres à double gaines et à large mode de surface (LMA fibre), les fibres double gaines permettent une meilleur efficacité de pompage, et les fibres LMA ont une surface effective très grande comparativement aux fibres monomodes standards leur permettant ainsi de véhiculer des puissances très élevées avec des faisceaux monomodes transverses. Pour monter de plus en plus en puissance, des fibres à cristaux photoniques ont été développées, ce qui permet d'obtenir une surface effective plus grande que celles des fibres LMA, et aussi de véhiculer encore plus de puissance. Brooks et Teodoro **[59]**, ont réalisé un laser à fibre amplifié à cristaux photoniques qui délivre une puissance moyenne de 6 W, une largeur à mi-hauteur des impulsions de 1 ns, une fréquence de répétition de 9.6 KHz et une puissance crête de 600 KW. Horiuchi *et al* **[60]** pour un laser à fibre à cristaux photoniques délivrant des puissances crêtes de 100 KW. Schmidt *et al* **[61]** ont obtenu une puissance crête de 275 KW avec un laser à fibre cristaux photoniques de courte longueur Q-déclenché par un modulateur acousto-optique.

II-2-2 Etat de l'art des lasers entièrement fibrés

Précédemment, nous avons vu que grâce à l'utilisation de certaines fibres spéciales (fibres à double gaines (DCF), fibres à large mode de surface (LMA fiber), fibres à cristaux photoniques), la puissance délivrée par ce type de lasers augmente considérablement atteignant des valeurs de plusieurs dizaines de kW, avec un faisceau de qualité pouvant approcher la limite de diffraction. Cependant, ces lasers contiennent des composants optiques onéreux et fragiles en espace libre (figures de (2.6) à (2.10)), nécessitant donc une attention particulière à l'alignement de ces différents éléments, ce qui engendre une restriction de leur domaine d'application. Ceci démontre alors l'intérêt de développer des lasers entièrement fibrés.

II-2-2-1 Etat de l'art des lasers entièrement fibrés activement Q-déclenché

L'utilisation des modulateurs acousto-optiques et électro-optiques dans une architecture entièrement fibrée est impossible. A cet effet, une nouvelle méthode pour Q-déclencher des lasers entièrement fibrés a été développée. Kaneda et al [62] et Matthew et al [63] ont construit des lasers entièrement fibrés émettant à 1550 nm et à 1 μm respectivement. La méthode consiste à induire une biréfringence par compression de la fibre par un composant piézoélectrique. Cette biréfringence agit comme une lame d'onde, changeant l'état de polarisation de la lumière dans la fibre, pouvant ainsi switcher le facteur Q de la cavité laser. Le schéma expérimental de tels lasers est illustré à la figure (2.11).

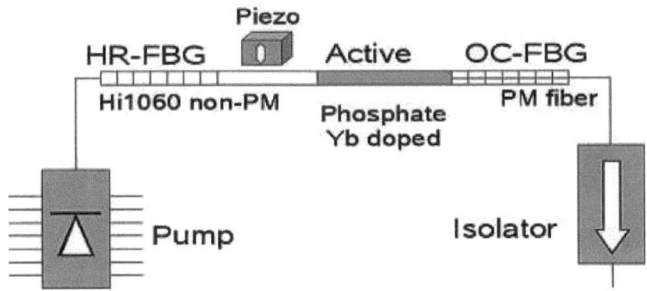

Figure (2.11) : Schéma d'un laser entièrement fibré activement Q-déclenché

La cavité laser est constituée de deux réseaux de Bragg, l'un de haute réflexion inscrit dans une fibre standard, l'autre de réflexion inférieure inscrit dans une fibre à maintien de polarisation. Le milieu actif est une fibre fortement dopée de quelques centimètres de longueur. Dans ces conditions particulières des impulsions de puissance crête de quelques dizaines de Watts et des largeurs à mi-hauteur de quelques ns avec des puissances pompes de quelques centaines de milliwatts sont alors obtenues. La même architecture laser a été utilisée comme source d'impulsions dans une configuration entièrement fibrée oscillateur-amplificateur (MOPA) [64]. Cette dernière délivre après amplification des impulsions de 332 W, une largeur à mi-hauteur de 153 ns et un faisceau monomode transverse et de fréquence avec une largeur à mi-hauteur d'environ 15 MHz.

La réalisation d'un laser entièrement fibré activement Q-déclenché par un commutateur de polarisation [65] est composé d'une fibre microstructurée comportant quatre trous ayant des électrodes comme le montre la figure (2.12). En appliquant une haute tension à une électrode, elle s'échauffe rapidement et se dilate en quelques ns causant ainsi des contraintes à la fibre microstructurée qui devient alors biréfringente. L'état de polarisation est alors modifié en quelques ns qui est l'état de la commutation **ON**. Pour avoir une commutation **OFF** plus rapide et ne pas attendre la dissipation de chaleur dans la fibre, il faut alors appliquer une autre haute tension à l'électrode 2.

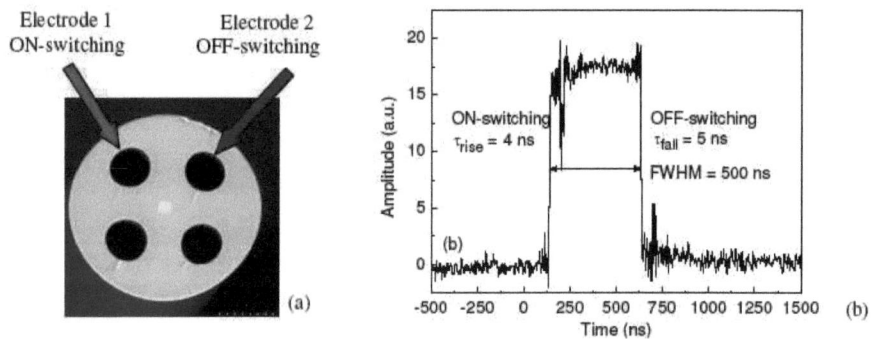

Figure (2.12) : a) Section horizontal de la fibre microstructurée.
b) Réponse optique de la commutation de polarisation.

Le fonctionnement du laser est le suivant : au début, la cavité laser à un faible Q (beaucoup de pertes) car le contrôleur de polarisation PC2 est maintenu dans un état quart d'onde $\frac{\lambda}{4}$. Par conséquent, la majorité de la lumière émise de la fibre dopée Er est éjectée hors de la cavité par le séparateur de polarisation après double passage à travers le contrôleur de polarisation PC2. Pour avoir une oscillation laser dans la cavité, ils appliquent une haute tension à l'électrode 1, la fibre microstructurée se comporte ainsi comme une lame biréfringente quart d'onde, la lumière oscille alors dans la cavité laser.

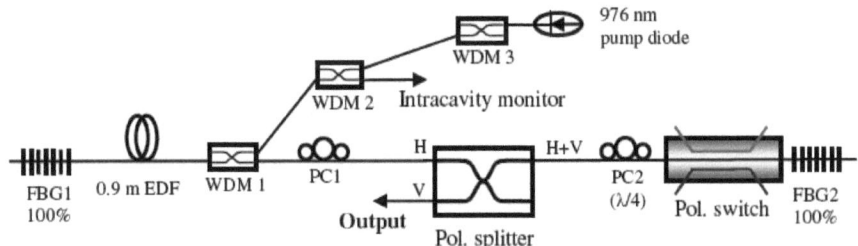

Figure (2.13) : Schéma d'un laser entièrement fibré dopé à l'erbium activement Q-déclenché par commutation de l'état de polarisation.

Pour extraire le signal laser de la cavité, ils appliquent une autre haute tension à l'électrode 2, la cavité est alors dans l'état **OFF** et l'impulsion laser est extraite à travers le séparateur de polarisation. Une impulsion de puissance crête de 50 W et de largeur à mi-hauteur de 12 ns est obtenue de ce laser.

II-2-2-1 Etat de l'art des lasers entièrement fibrés passivement Q-déclenché

Comme décrit précédemment, le Q-déclenchement active des lasers entièrement fibrés nécessitent toujours des moyens externes encombrants pour le déclenchement, (présence de piézoélectriques de hautes tensions et aussi de toute l'électronique nécessaire pour le déclenchement et le contrôle des modulateurs). Afin de s'affranchir de ces inconvénients, le moyen le plus simple est le Q-déclenchement passive dans des architectures lasers entièrement fibrés. Un laser entièrement fibré passivement Q-déclenché Er-Tm est présenté sur la figure (2.14) [66]. La fibre du milieu amplificateur est une fibre GT wave dopée à l'erbium de diamètre 20 µm, une concentration de 3.2 10^{19} cm^{-3} et une longueur de 8 m. Elle est pompée dans la gaine par une diode laser à 975 nm qui peut fournir une puissance atteignant 10 W. L'absorbant saturable est une fibre fortement dopée au Tm soudée à la fibre dopée Er, sa longueur est de 8 cm et sa concentration $\approx 2\ 10^{20}$ cm^{-3}. Le miroir de haute réflexion à la longueur d'onde de 1580 nm est un réseau de Bragg inscrit dans une fibre SMF 28 (fibre monomode standard) soudé à la fibre dopée Tm.

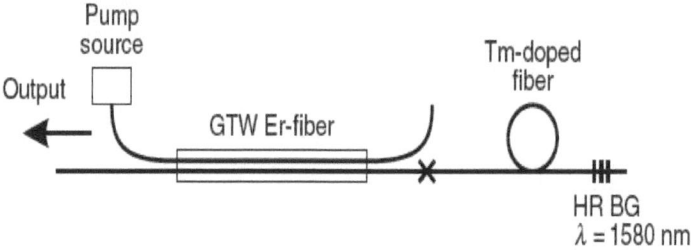

Figure (2.14) : Schéma d'un laser entièrement fibré passivement Q-déclenché Er-Tm.

Avec cette architecture, des impulsions de puissance crête de 3.5 KW, des largeurs à mi-hauteurs de 100 ns, et une faible fréquence de répétition de 1.8 KHz ont été obtenues. La forme du spectre d'émission de ce laser présente des difficultés d'interprétation (présence d'effets non linéaires induits par la puissance élevée et le faible diamètre du cœur des fibres utilisées dans cette architecture).

Un laser entièrement fibré passivement Q-déclenché Yb-Bi [67]. Les ions Yb sont les ions actifs du milieu amplificateur, et ceux du Bi sont ceux de l'absorbant saturable, l'architecture laser est presque la même que celle décrite précédemment, sauf que dans ce cas, la fibre dopée Bi est placée en cavité séparée (figure (2.15)) et son rôle est de diminuer le temps de vie des ions Bi excités car ces derniers ont une durée de vie d'environ 1 ms (très lente pour que le Q-déclenchement du laser soit efficace). Avec cette architecture, des impulsions stables ont été obtenues avec une puissance crête de 65 W, une largeur à mi-hauteur de 1.5 µs. Il est utile de mentionner qu'une puissance crête de 300 W et de largeur à mi-hauteur de 250 ns sont aussi déterminées en utilisant une architecture laser analogue où les ions Ho sont utilisés comme absorbant saturable (au lieu des ions Bi) [68]. La forme du spectre d'émission de ce laser comporte plusieurs pics à différentes longueurs d'ondes (hormis la bande d'émission principale à 1125 nm), il comporte aussi deux bandes dont les pics sont localisés à 1080 nm et 1180 nm (dus à l'émission Raman stimulée induite par la forte puissance d'émission du laser).

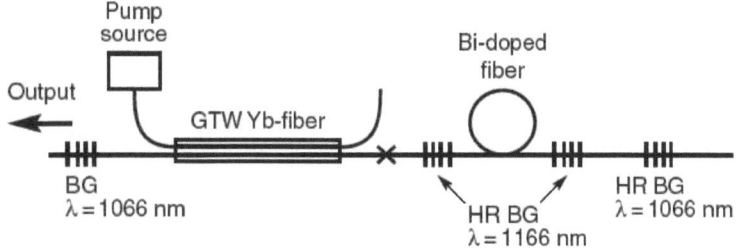

Figure (2.15) : Schéma d'un laser entièrement fibré passivement Q-déclenché Yb-Bi

Une autre technique pour le Q-déclenchement passive consiste à utiliser les mêmes ions pour l'absorbant saturable et le milieu amplificateur, car à la longueur d'onde d'émission du laser il y a aussi absorption pour les ions opérants sur un schéma de trois niveaux d'énergies. Comme la section efficace d'absorption est inferieure ou égale à celle de l'émission, la solution consiste alors à augmenter la densité de puissance dans l'absorbant comparativement à celle du gain. Dans des lasers ayant des composants en espace libre, ceci est réalisé par simple focalisation du faisceau laser sur l'absorbant. Par contre dans une architecture entièrement fibrée, la solution consiste à utiliser un grand diamètre du cœur de la fibre du milieu à gain comparativement à celle de l'absorbant. Une architecture entièrement fibrée fonctionnant sur ce principe est illustrée sur la figure (2.16) **[69]**.

La fibre du gain dopée à l'erbium à un cœur de diamètre de 13.7 µm et celle de l'absorbant de 4 µm, le rapport de leurs modes de surfaces est de 5, leurs longueurs sont respectivement de 1.75 m et de 0.2 m. Avec ce laser, des valeurs de puissances crêtes atteignant 230 W et des largeurs à mi-hauteur de 30 ns ont été obtenues.

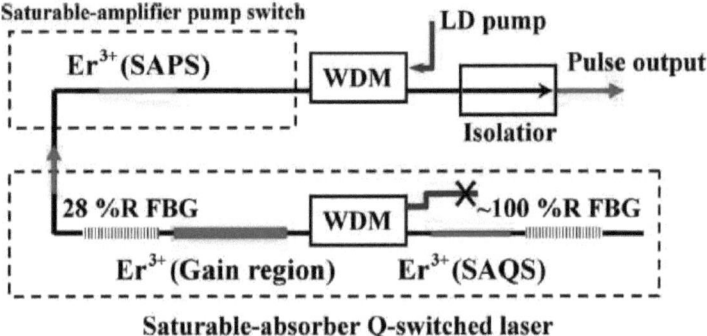

*Figure (2.16) : Schéma d'un laser entièrement fibré dopé
à l'Erbium passivement Q-déclenché*

Des résultats de simulation ont montré que le rapport de la surface du cœur de la fibre du gain à celle de l'absorbant représente un paramètre essentiel pour obtenir la montée en puissance de ce laser [70].

A cet effet, une architecture laser entièrement fibrée dopée à l'Yb est alors proposée par les auteurs de cette étude avec une simulation des paramètres physiques. Ainsi, des impulsions de 0.5 mJ et de largeur à mi-hauteur de 14 ns avec une fréquence de répétitions de 200 KHz ont été déterminées. L'architecture proposée est représentée sur la figure (2.17).

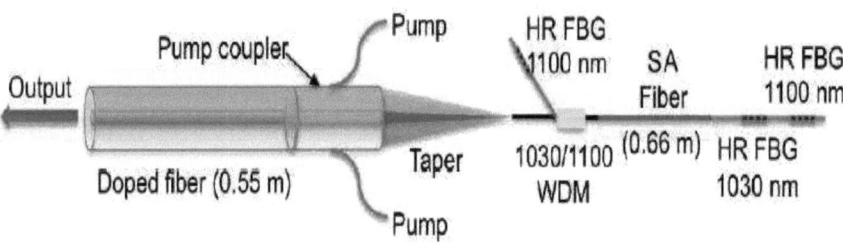

*Figure (2.17) : Architecture proposée du laser entièrement fibré dopé
à l'ytterbium passivement Q-déclenché*

L'architecture laser est composée d'une fibre LMA à double gaine dopée à l'Yb présentant un diamètre de cœur de 20 µm, un diamètre de la double gaine de 125 µm et une longueur de 0.55 m. Cette dernière est étirée pour pouvoir être soudée avec la fibre de l'absorbant qui présente un diamètre de cœur de 5 µm et une longueur de 0.66 m. Le laser fonctionne à la longueur d'onde de 1030 nm grâce au réseau de Bragg inscrit dans la fibre qui joue le rôle d'un miroir de haute réflexion. La cavité renfermant deux réseaux de Bragg à 1100 nm est utilisée pour désexciter rapidement les ions résiduels vers le niveau fondamental après le Q-déclenchement du laser à 1030 nm.

Conclusion

Dans ce chapitre, on a décrit le principe de fonctionnement des lasers activement et passivement Q-déclenchés. On a présenté les principaux modulateurs utilisés dans le Q-déclenchement des lasers (modulateur électro-optique, acousto-optique et l'absorbant saturable). Par la suite, un état de l'art des lasers à fibres est aussi présenté. On a pu alors constater que durant ces dernières années, des lasers à fibre combinant une puissance moyenne élevée et de très grandes puissances crêtes de plusieurs dizaines de KW ont été réalisés. La réussite de la montée en puissance de ces lasers à fibre est due principalement au développement des fibres à double gaines (DCF) et à large mode de surface (LMA fibre) et des fibres microstructurées. Les fibres DCF permettent une meilleur efficacité de pompage, et les fibres LMA et microstructurées ont une surface effective très grande comparativement aux fibres monomodes standards qui leur permettent ainsi de véhiculer des puissances très élevées avec des faisceaux monomodes transverses sans l'apparition d'effets non linéaires. On a aussi illustré l'état de l'art des lasers entièrement fibrés activement et passivement Q-déclenchés. Une critique des différentes architectures laser présentées est décrite. Dans cette optique, les arguments développés dans ce chapitre constituent le prélude qui nous permettra de présenter le schéma expérimental et les caractéristiques optimales des fibres à utiliser pour concevoir un laser de puissance entièrement fibré passivement Q-déclenché et mettre en équation le fonctionnement de ce laser.

Chapitre **III**

Description et mise en équation d'une architecture laser avancée entièrement fibrée passivement Q-déclenché par un absorbant saturable $Nd^{3+}:Cr^{4+}$

Après une présentation globale de l'état de l'art de la problématique exposée dans ce travail de thèse, nous nous intéressons à présent à la description et mise en équation d'une architecture laser avancée entièrement fibrée passivement Q-déclenché par un absorbant saturable $Nd^{3+}:Cr^{4+}$. En premier lieu, on proposera le schéma descriptif d'un laser entièrement fibré en justifiant le choix et l'intérêt de chaque composant dans le but d'acquérir un fonctionnement de puissance et une bonne qualité du faisceau. Les équations régissant le fonctionnement de ce laser avec le modèle ponctuel seront établies. La première équation concernera le milieu actif Nd^{3+}, la seconde le milieu absorbant saturable Cr^{4+} et la dernière décrira la densité de photons à l'intérieur de la cavité.

III-1 Laser entièrement fibré

L'intérêt des lasers à fibre de puissance et de bonne qualité de faisceau ne cesse de croître pour les industriels. Il est présenté dans ce qui, le schéma expérimental d'un laser entièrement fibré, compact et léger.

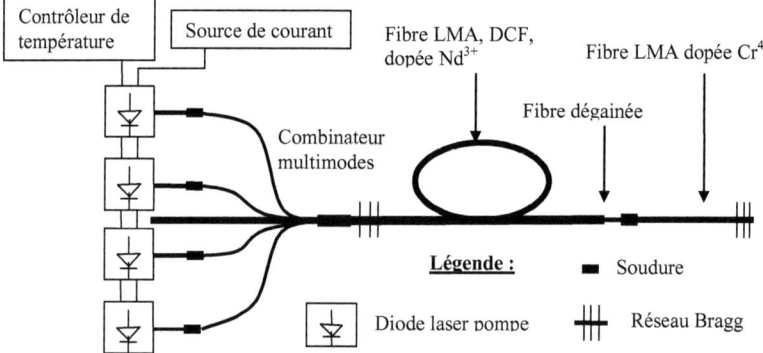

Figure (3.1) : Schéma d'un laser entièrement fibré passivement Q-déclenché

Dans ce laser il n'est pas nécessaire d'aligner les différents éléments de sa cavité qui est monomode transverse permettant ainsi d'élargir sa plage d'applications dans différents domaines. Le schéma d'un tel laser est illustré sur la figure (3.1).

III-1-1 Le choix des ions de dopage

La cavité laser est constituée de deux réseaux de Bragg, d'un milieu actif qui est une fibre LMA à double gaine dopée Nd^{3+}, et d'une fibre LMA dopée Cr^{4+} assurant le rôle d'un absorbant saturable. Le choix du Cr^{4+} comme absorbant saturable est motivé par son absorption sur une large bande et spécialement sur la longueur d'onde d'émission du Nd^{3+} à 1084 nm.

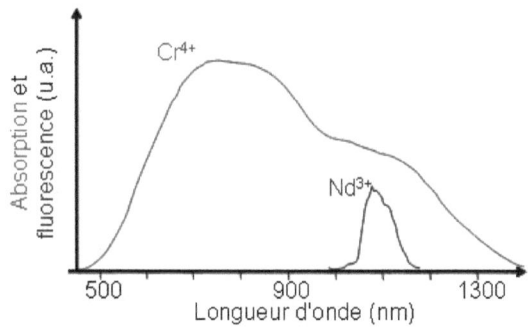

Figure (3.2) : Section efficace d'absorption du Cr^{4+} et d'émission du Nd^{3+}

La figure (3.2) représente la section efficace d'absorption du Cr^{4+} et d'émission du Nd^{3+}. En outre, Le Cr^{4+} dispose d'une forte section efficace d'absorption de l'ordre de $3.5\ 10^4$ barns plus importante que celle des terres rares [71] et d'une faible durée de vie de l'état métastable de l'ordre de la microseconde [72]. Ce critère permettra d'acquérir des fréquences de répétions de l'ordre de quelques KHz.

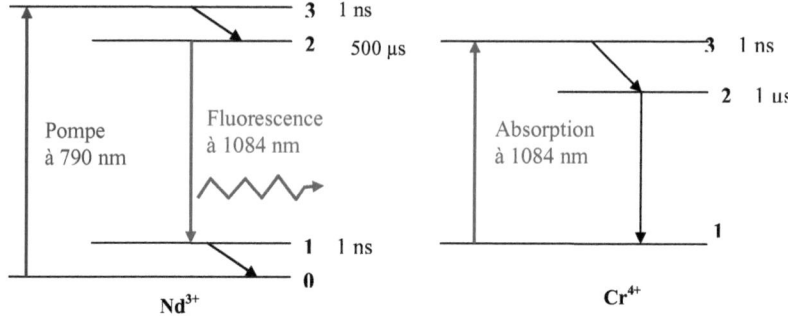

Figure (3.3) : Niveaux d'énergies du Nd^{3+} et Cr^{4+}

La figure (3.3) illustre les niveaux d'énergies du Nd^{3+} et du Cr^{4+}. Pour le Nd^{3+}, la durée de vie de son état métastable est de l'ordre de 500µs induisant ainsi un bon stockage de l'énergie de pompe et par conséquent un gain important.

III-1-2 Combinateur à diode laser

Un combinateur de fibres multimodes est utilisé. Cette configuration est adéquate seulement pour la fibre à double gaine sachant que le faisceau du laser pompe est injecté dans la gaine interne de la fibre. Ce combinateur possède la particularité de pouvoir associer ensemble plusieurs fibres en une seule sortie. Il est donc possible de combiner ensemble plusieurs lasers pompes dans une seule fibre optique dans le but d'augmenter la puissance incidente. Un combinateur typique (disponible actuellement sur le marché) possède la capacité de combiner sept fibres optiques avec un diamètre de cœur ≈ 105µm et d'ouverture numérique ≈ 0.15 en une fibre optique à double gaine de diamètre ≈ 125 µm et d'ouverture numérique ≈ 0.46 [73].

Plusieurs diodes laser pompe peuvent-être simultanément raccordées au combinateur grâce à leurs sorties fibrées dont elles disposent. Ces diodes sont conçues à partir d'un simple émetteur à base d'un semi-conducteur de quelques centaines de µm^2 dont le faisceau est directement injecté dans la fibre optique. A l'heure actuelle, il est possible d'obtenir de façon standard une puissance pompe ≈ 7 W dans une fibre de diamètre 105 µm et d'ouverture numérique ≈ 0.15. En raison de la grande puissance extraite d'une telle petite surface, l'émetteur de la diode chauffe alors de manière excessive. Le processus de refroidissement est réalisé grâce à un élément de Peltier sur lequel sont fixées ces diodes. L'élément de Peltier est asservi en température à l'aide d'un contrôleur pour conserver une température constante. Les diodes sont branchées en série pour éviter une distribution inégale du courant sachant que la résistance électrique peut varier d'une diode à l'autre. Elles sont alimentées directement par une source de courant qui demeure très stable temporellement (toute fluctuation rapide de courant peut détériorer les diodes).

Avec le combinateur, la puissance des diodes laser est injectée dans la cavité laser composée de deux réseaux de Bragg, de la fibre dopée Nd^{3+} et de la fibre dopée Cr^{4+}. Les réseaux de Bragg sont inscrits dans le cœur de la fibre optique puisque l'effet laser s'y produit. Néanmoins, la fibre dopée Nd^{3+} doit être de type double gaine pour qu'elle puisse guider la puissance pompe dans sa gaine interne. Les deux réseaux de Bragg doivent-être accordés en longueur d'onde pour permettre une oscillation laser pour une longueur d'onde précise. De plus, le premier réseau de Bragg (du coté de la fibre dopée Nd^{3+}) doit posséder une réflectivité maximale tendant vers 100 % pour la longueur d'onde d'oscillation - qui, dans tous les cas- optimisera la puissance de sortie du laser. En effet, toute puissance importante traversant ce réseau de Bragg retournera aux lasers pompe et les perturbera. La réflectivité de l'autre réseau de Bragg peut être ajustée afin d'obtenir un maximum de puissance à la sortie.

III-1-3 Caractéristiques de la fibre dopée Nd^{3+} et celle dopée Cr^{4+}

Le milieu actif est une fibre à large mode LMA d'un cœur de diamètre de 30 µm et à double gaine de diamètre 125µm avec une gaine interne de forme hexagonale (figure (3.4)). La fibre à double gaine permet d'augmenter considérablement la puissance pompe pouvant-être couplée dans la fibre puisque elle possède une grande surface et une grande ouverture numérique (NA = 0.46). Liu et Ueda montrent que l'efficacité d'absorption de la pompe dépend de la forme de la gaine interne et du rapport surface du cœur à surface de la gaine interne [74].

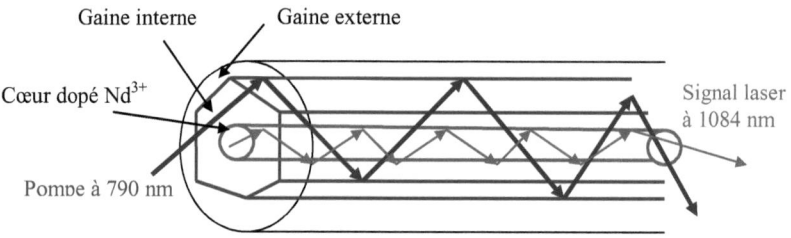

Figure (3.4) : Schéma du pompage optique par gaine interne

La figure (3.5) illustre la variation de l'efficacité d'absorption de la pompe en tenant compte de la longueur de la fibre pour différents diamètres du cœur et différentes formes de la gaine interne (circulaire, rectangulaire et une fibre à cœur décalé).

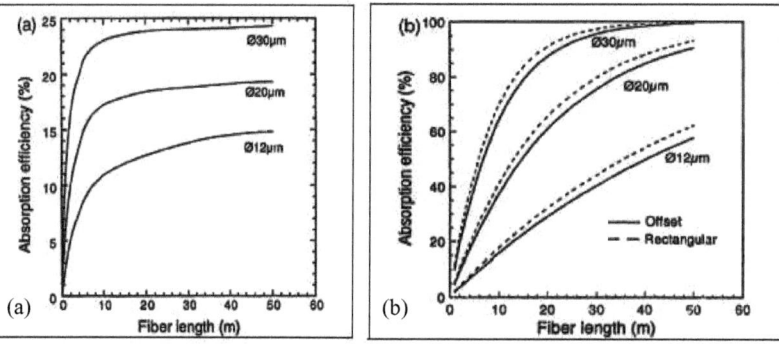

Figure (3.5) : Efficacité d'absorption pour gaine interne circulaire, rectangulaire et fibre à cœur décalée, ϕ est le diamètre du cœur (diamètre gaine interne 400µm). (a) Gaine interne circulaire, (b) Gaine interne rectangulaire et cœur décalée

On remarque que l'efficacité d'absorption est beaucoup plus importante pour la fibre à gros cœur (gaine interne rectangulaire) et plus faible pour la fibre à petit cœur (gaine interne circulaire). Ceci peut-être expliqué par le fait que dans la fibre à gaine interne circulaire, il existe plusieurs modes qui se propagent dans la gaine interne sans croiser le cœur de la fibre (modes hélicoïdaux). Ainsi, l'efficacité d'absorption de la pompe est amoindrie par l'adoption d'une gaine interne circulaire.

Une fibre large mode LMA est une fibre monomode qui présente un cœur large avec une ouverture numérique très faible. Pour qu'une fibre de diamètre 30μm soit monomode, une ouverture numérique NA de 0.06 est requise.

Il est important de mentionner que l'utilisation d'une fibre à large mode (LMA) pour la fibre dopée Nd^{3+} et la fibre dopée Cr^{4+} présente plusieurs avantages dont les plus importants sont :

- Bonne qualité du faisceau laser.
- Diminution de la densité d'énergie par unité de surface se propageant dans le cœur de la fibre, permettant ainsi d'éviter les effets non linéaires (diffusion Brillouin et Raman stimulées).
- Augmentation du nombre d'ions actifs Nd^{3+} dans le cœur de la fibre et par conséquent amélioration du gain et augmentation du nombre d'ions Cr^{4+} afin d'élever le seuil de saturation de l'absorbant saturable.
- Meilleure gestion thermique.
- Amélioration de l'efficacité d'absorption de la pompe par le cœur de la fibre dopée Nd^{3+} puisque l'efficacité d'absorption dépend du rapport surface cœur/surface gaine interne.

Remarque : L'efficacité d'absorption de la pompe par le milieu actif doit être d'environ 20 % puisque la cavité de ce laser est de 1.5 m. Afin d'éviter que la puissance pompe - non absorbée par le milieu actif Nd^{3+}- soit absorbée par l'absorbant saturable, la fibre dopée Nd^{3+} est dégainée à proximité de la soudure fibre Nd^{3+}/fibre Cr^{4+}.

III-2 Le modèle des équations cinétiques

Le modèle des équations cinétiques pour un laser passivement Q-déclenché comporte trois équations différentielles non linéaires couplées décrivant l'évolution temporelle des trois grandeurs principales du laser, *(i)* La densité de photons à l'intérieur de la cavité laser permettant d'exprimer la puissance du laser. *(ii)* L'inversion de population du milieu amplificateur. *(iii)* Population de l'absorbant saturable **[33]**, **[75-77]**. La validité de ce modèle comparativement à l'expérience requiert la nécessité à ce que le gain soit uniforme tout au long du milieu amplificateur. Dans le cas contraire, le modèle à onde progressive est plus adapté car il tient compte aussi bien de l'évolution temporelle et spatiale des grandeurs principales du laser **[78-80]**. Dans ce travail, nous avons choisi d'utiliser le modèle ponctuel des équations cinétiques en raison de la présence de puissances pompes assez élevés et de l'utilisation d'une longueur de milieu amplificateur assez faible ($\approx$ 1,5 m) permettant ainsi l'obtention d'un gain uniforme.

III-2-1 Equation du milieu amplificateur Nd^{3+} (le gain)

L'ion Nd^{3+} est un dopant actif classique appartenant à la famille des terres rares, il est utilisé dans de nombreux lasers solides comme la matrice YAG **[81]**. Les fibres dopées Nd^{3+} sont largement étudiées depuis le commencement des lasers a fibre à cause de l'efficacité de la transition aux alentours de 1060 nm et la disponibilité des diodes lasers de pompage a 808 nm **[82]**. Cependant pour les lasers à fibre de puissance l'ion Yb est préféré au Nd **[83]** en raison de ses niveaux d'énergies plus simples, une meilleure efficacité quantique et surtout la possibilité de dopage à des concentrations élevées sans effets de Quenching (comparativement aux ions Nd^{3+} **[50]** et au ions Er^{3+} **[84]**). Dans ce travail, l'ion Nd^{3+} est choisi comme milieu amplificateur afin de comparer nos résultats obtenus par simulation avec un travail expérimental déjà effectué. Notons que les résultats obtenus pour l'ion Nd peuvent-être aisément appliqués à l'ion Yb car le traitement mathématique peut s'effectuer avec pratiquement les mêmes équations cinétiques. Les niveaux d'énergies de l'ion Nd^{3+} dans la silice sont représentés sur la figure (3.6) **[85]**.

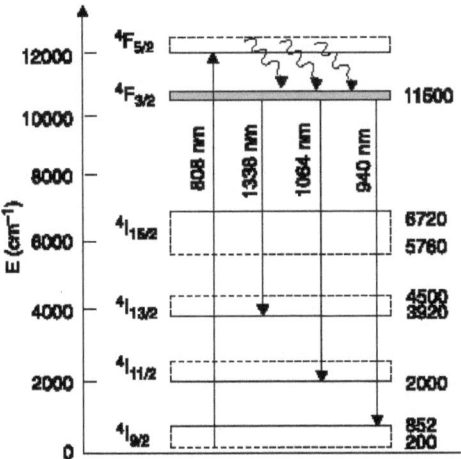

Figure (3.6) : Niveaux d'énergie de l'ion Nd^{3+} dans la silice

La forte absorption de la transition $^4I_{9/2} \rightarrow {}^4F_{5/2}$ (≈ 800 nm) est très efficace pour exciter l'état métastable $^4F_{3/2}$ et tel indiqué sur la figure, on peut générer une émission laser à la longueur d'onde de 1338 nm (940 nm) à partir de la transition $^4F_{3/2} \rightarrow {}^4I_{13/2}$ [86] ($^4F_{3/2} \rightarrow {}^4I_{9/2}$ [87]). Cette dernière longueur d'onde est intéressante car elle permet une émission laser dans le bleu par doublage de fréquence. Dans cette thèse, nous nous intéressons à la transition $^4F_{3/2} \rightarrow {}^4I_{11/2}$ correspondant à une longueur d'onde d'environ 1064 nm (dans les fibres optiques la longueur d'onde d'émission de la transition $^4F_{3/2} \rightarrow {}^4I_{11/2}$ dépend des éléments co-dopants, ≈ 1090 nm pour les fibres germanosilicate (GeO_2) [88] et ≈ 1060 nm pour les fibres aluminosilicates (Al_2O_3) [89]. Une oscillation simultanée pour ces longueurs d'onde concernant des fibres dopées Nd avec un mélange de co-dopants de GeO_2 et Al_2O_3 est décrite dans la littérature [90]. Une émission simultanée pour une longueur d'onde 1050.2 et 1054.9 nm est aussi rapportée pour des fibres fluorées [91].

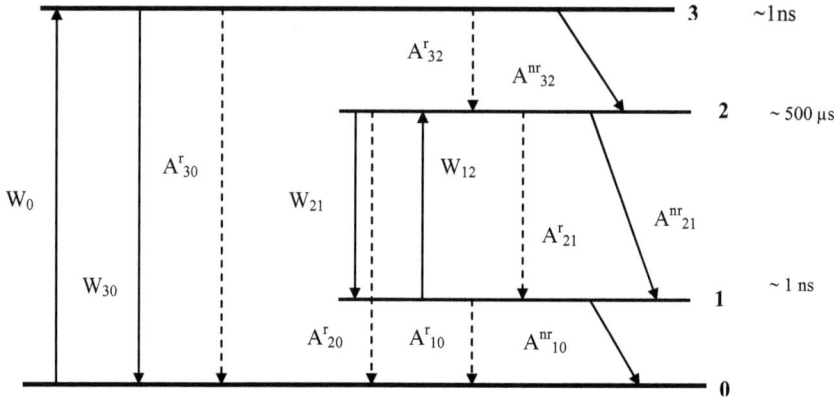

Figure (3.7) : Diagramme des niveaux d'énergies du Nd^{3+}

On modélise le néodyme Nd^{3+} comme un système à quatre niveaux. (voir la figure (3.7)). Le pompage optique s'effectue du niveau 0 vers le niveau 3 à 790 nm, puis les atomes localisés dans le niveau 3 se retrouvent instantanément sur le niveau métastable 2 dont la durée de vie est ≈ 0.5 ms. L'effet laser a lieu entre les niveaux énergétiques 2 et 1 à la longueur d'onde de 1080 nm et les atomes du niveau 1 reviennent instantanément vers le niveau fondamental 0.

Définition des différents paramètres du diagramme des niveaux d'énergie du Nd^{3+}

On associe à chaque niveau d'énergie une densité de population n_i (m^{-3}).

A^r_{ij} : taux de désexcitation radiatif du niveau i vers le niveau j.

A^{nr}_{ij} : taux de désexcitation non radiatif du niveau i vers le niveau j.

W_{03} : taux de pompage du niveau 0 vers le niveau 3, défini comme suit :

$$K F_p \frac{c}{\eta_a} \sigma_{03}$$

Avec K : Efficacité d'absorption de la pompe, F_p : densité de photons des lasers à semi-conducteur à la longueur d'onde de 790nm (m^{-3}), η_a : Indice effectif de la fibre dopée Nd^{3+} et σ_{03} : Section efficace d'absorption du laser pompe à la longueur d'onde de 790 nm du niveau 0 vers le niveau 3

W_{30} : Taux d'émission stimulé par la pompe du niveau 3 vers le niveau 0 défini comme :

$$K F_p \frac{c}{\eta_a} \sigma_{30}$$

où σ_{30} : Section efficace d'émission stimulée par le laser pompe à la longueur d'onde 790 nm du niveau 3 vers le niveau 0.

W_{21} : Taux d'émission stimulée par le signal laser du niveau 2 au niveau 1 à la longueur d'onde de 1080nm exprimé par la quantité :

$$F_a \frac{c}{\eta_a} \sigma_{21} \Gamma_a$$

où F_a : Densité de photons du signal laser à 1080 nm (m^{-3}).

Γ_a : Facteur de recouvrement du signal laser avec le profil de dopage du Nd^{3+} **[92]**.

σ_{21} : Section efficace d'émission stimulée par le signal laser du niveau 2 vers le niveau 1.

W_{12} : Taux d'absorption du signal laser du niveau 1 vers le niveau 2 à 1084 nm s'exprimant selon :

$$F_a \frac{c}{\eta_a} \sigma_{12} \Gamma_a$$

σ_{12} : Section efficace d'absorption du signal laser du niveau 1 vers le niveau 2.

Pour des raisons de simplicité dans les calculs, nous avons jugé utile de remplacer les différents taux de désexcitations radiatifs et non radiatifs par les durées de vie des niveaux d'énergies. Ainsi :

$$A_{32}^r + A_{32}^{nr} = \frac{1}{\tau_{32}} \; ; \; A_{21}^r + A_{21}^{nr} + A_{20}^r = \frac{1}{\tau_2} \; ; \; A_{10}^r + A_{10}^{nr} = \frac{1}{\tau_{10}} \; ; \; A_{30}^r = \frac{1}{\tau_{30}}.$$

Les équations des densités de populations des différents niveaux d'énergies du Nd^{3+} s'écriront alors comme suit :

$$\frac{dn_0}{dt} = -n_0 W_{03} + n_1 \frac{1}{\tau_{10}} + n_3 \left(\frac{1}{\tau_{30}} + W_{30} \right) + n_2 \frac{1}{\tau_{20}} \qquad (3.1)$$

$$\frac{dn_1}{dt} = -n_1 \left(\frac{1}{\tau_{10}} + W_{12} \right) + n_2 \left(W_{21} + \frac{1}{\tau_{21}} \right) \qquad (3.2)$$

$$\frac{dn_2}{dt} = n_1 W_{12} - n_2 \left(W_{21} + \frac{1}{\tau_{21}} + \frac{1}{\tau_{20}} \right) + n_3 \frac{1}{\tau_{32}} \qquad (3.3)$$

$$\frac{dn_3}{dt} = n_0 W_{03} - n_3 \left(W_{30} + \frac{1}{\tau_{30}} + \frac{1}{\tau_{32}} \right) \qquad (3.4)$$

Analyse et approximation

Sachant que pour Nd^{3+} la durée de désexcitation du niveau 3 vers le niveau 2 est de l'ordre de la nanoseconde (valeur très inférieure par rapport à la durée de désexcitation du niveau 2 vers le niveau 1 de l'ordre de 500µs), on peut alors considérer que les ions Nd^{3+} excités par le laser pompe vers le niveau 3 se retrouvent immédiatement dans le niveau 2, rendant ainsi la population du niveau 3 presque nulle pour une échelle de temps assez grande. A cet effet, nous pouvons en déduire que :

$$\frac{dn_3}{dt} = 0 \qquad (3.5)$$

L'équation (3.5) est valable seulement pour des variations temporelles lentes par rapport à la durée de vie du niveau 3 (τ_{32}). Dans le cas contraire, elle n'est pas valable.

A partir des équations (3.5) et (3.4) et en négligeant $\frac{1}{\tau_{30}}$ et W_{30} devant $\frac{1}{\tau_{32}}$ on en déduit :

$$n_0 W_{03} = n_3 \left(\frac{1}{\tau_{32}} \right) \qquad (3.6)$$

En négligeant n_3 devant n_0 dans l'équation (3.6), une condition sur la puissance pompe laser est déterminée et s'exprime selon la forme suivante :

$$P_p << \frac{hc}{\lambda_p} \frac{\pi a_g^2}{K \sigma_{03} \tau_{32}} \approx 28.2 \; 10^5 \; \text{watt.}$$

λ_p : Longueur d'onde du laser pompe.

a_g : rayon approximatif de la gaine interne (non circulaire) de la fibre dopée Nd^{3+}.

Cette valeur de la puissance pompe est très grande devant la puissance pompe disponible pour cette architecture laser (de l'ordre de 50 W), car chaque diode laser peut fournir une puissance d'environ 7W et l'ensemble des diodes du combinateur à 7 fibres peuvent alors fournir environ 50 W. Pour cette raison, nous pouvons justifier l'approximation qui consiste à négliger n_3 devant n_0.

La durée de désexcitation de Nd^{3+} du niveau 1 vers le niveau 0 est de l'ordre de 1 ns. Cette valeur étant très inférieure à la durée de vie du niveau fondamental 0, on peut alors considérer que les ions Nd^{3+} qui se retrouvent sur le niveau 1 par désexcitation radiatif ou non radiatif ou par émission stimulée du niveau 2, se retrouvent immédiatement dans le niveau fondamental. A cet effet et pour une échelle de temps assez grande, on peut supposer que le nombre d'atomes présents sur le niveau 2 niveau est quasiment nulle. On peut alors écrire :

$$\frac{dn_1}{dt} = 0 \qquad (3.7)$$

L'équation (3.7) demeure valable lorsque des variations temporelles lentes par rapport à la durée de vie du niveau 1 (τ_{10}) sont prises en considération. En négligeant W_{12} devant $\frac{1}{\tau_{10}}$ (dû à la désexcitation rapide des ions Nd^{3+} du niveau 1 vers le niveau 0) ainsi que $\frac{1}{\tau_{21}}$ devant W_{21} (durée de vie du niveau 2 du $Nd^{3+} \approx 500$ µs et l'effet laser est dominant à travers le taux d'émission stimulée W_{21}) et en tenant compte des équations (3.7) et (3.2), on en déduit :

$$n_1 \frac{1}{\tau_{10}} = n_2 W_{21} \qquad (3.8)$$

De plus, en négligeant n_1 devant n_2 dans l'équation (3.8), on aboutit à une condition régissant la puissance du signal laser et qui s'exprime par :

$$P_a << \frac{hc}{\lambda_a} \frac{\pi a^2}{\sigma_{21} \Gamma_a \tau_{10}} \approx 4 \; 10^5 \text{ Watts.}$$

λ_a : Longueur d'onde du signal laser qui est égale à 1084nm.

a : Rayon du cœur de la fibre amplificatrice.

Les puissances du signal laser qu'on pourrait obtenir de ce laser à fibre étant par évidence très inférieures à cette puissance, on peut donc négliger n_1 devant n_2. L'inversion de population ou le gain dans le milieu actif Nd^{3+} est la différence entre la population du niveau 2 et la population du niveau 1 (c'est entre ces deux niveaux que l'effet laser se produit) :

$$n_a = n_2 - n_1 \qquad (3.9)$$

En négligeant n_1 dans l'équation (3.9), et en dérivant par rapport au temps on en déduit que :

$$\frac{dn_a}{dt} = \frac{dn_2}{dt} \qquad (3.10)$$

n_1 et n_3 étant négligés, la densité total d'ions Nd^{3+} est alors égale à :

$$N = n_0 + n_2 \qquad (3.11)$$

L'équation du milieu actif Nd^{3+} est alors déterminée en négligeant n_1 et en injectant les équations (3.6), (3.10), (3.11) dans (3.3). Son expression est écrite sous forme :

$$\frac{dn_a}{dt} = k F_p \frac{c}{\eta_g} \sigma_{03}(N - n_a) - \frac{1}{\tau_{21}} n_a - \left(\frac{c}{\eta_a} \sigma_{21} \Gamma_a\right) F_a\, n_a \qquad (3.12).$$

Le premier terme du deuxième membre de l'équation (3.12) représente l'absorption de la pompe pour assurer l'inversion de population entre les niveaux 2 et 1, le deuxième décrit l'émission spontanée du niveau 2 vers 1 et le dernier terme traduit le taux d'émission stimulée du niveau 2 vers le niveau 1.

III-2-2 Equation du milieu absorbant saturable Cr^{4+} (perte utile)

En général, dans les lasers passivement Q-déclenchés, des absorbants saturables pour faire moduler les pertes de la cavité et le gain sont utilisés. L'utilisation des absorbants saturables en cristal est très commun et a fait l'objet de nombreuses études. On peut citer à titre d'exemple: laser à fibre passivement Q-déclenché par Co^{2+}:ZnSe [30],. L'ion Cr^{4+} dans la matrice YAG [28,29] est un absorbant saturable idéal et d'utilisation fréquente à la longueur d'onde de 1 um car il présente une grande section efficace d'absorption, une haute conductivité thermique, un seuil de dommage élevé et une bonne stabilité chimique et photochimique. Cependant, de telles absorbants saturables sont utilisés en espace libre à l'intérieur de la cavité laser contraignant ainsi l'expérimentateur à procéder à leur alignement avec les différents éléments de la cavité laser. Pour atteindre l'intégration complète en tout fibre et ainsi éviter une propagation en espace libre du faisceau laser, la solution consistera alors en l'utilisation d'une fibre comme absorbant saturable [93, 39] et en la connexion de cette fibre à la fibre du milieu amplificateur.

Des fibres à cristal YAG dopée Cr^{4+} ont été réalisées [94] afin de les utiliser comme amplificateur dans la gamme 1.3-1.6 um (télécommunications). De même, l'éventualité de les utiliser comme absorbants saturables à la longueur d'onde de 1080 nm est à envisager.

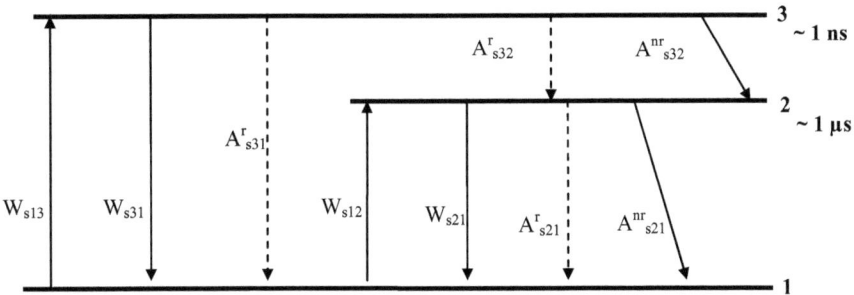

Figure (3.8) : Diagramme des niveaux d'énergie du Cr^{4+}

Dans l'architecture de notre laser le milieu absorbant saturable est une fibre à large mode LMA dopée Cr^{4+} (le chrome est un métal de transition de la première ligne du tableau périodique). L'ion Cr^{4+} est modélisée par un système à quatre niveaux d'énergie mais en négligeant l'absorption par l'état excité du niveau 2, la modélisation peut alors s'illustrer par un système à trois niveaux d'énergies (voir figure (3.8)).

Définition des différents paramètres du diagramme des niveaux d'énergies du Cr^{4+}

On associe à chaque niveau d'énergie une densité de population n_i exprimée en m^{-3}.

A^r_{sij} : taux de désexcitation radiatif du niveau i vers le niveau j.

A^{nr}_{sij} : taux de désexcitation non radiatif du niveau i vers le niveau j.

W_{s13} : taux d'absorption du signal laser du niveau 1 vers le niveau 3 à 1084 nm de longueur d'onde. Il s'exprime suivant :

$$F_a \frac{c}{\eta_s} \sigma_{s13} \Gamma_{sa}$$

η_s : Indice effectif de la fibre dopée Cr^{4+}.

σ_{s13} : Section efficace d'absorption du signal laser à la longueur d'onde de 1084nm du niveau 1 vers le niveau 3.

Γ_{sa} : Facteur de recouvrement du signal laser avec le profil de dopage du Cr^{4+}.

W_{s31} : taux d'émission stimulée du niveau 3 vers le niveau 1 par le signal laser à la longueur d'onde de 1080 nm.

W_{s12} : Taux d'absorption du niveau 1 vers le niveau 2.

W_{s21} : Taux d'émission stimulée du niveau 2 vers le niveau 1.

Pour moins encombrer les calculs, on remplacera les différents taux de désexcitations radiatifs et non radiatifs par les durées de vies des niveaux d'énergies.

$$A_{s21}^r + A_{s21}^{nr} = \frac{1}{\tau_{s21}} \ ; \ A_{s32}^r + A_{s32}^{nr} = \frac{1}{\tau_{s32}} \ ; \ A_{s31}^r = \frac{1}{\tau_{s31}}.$$

En négligeant l'absorption et l'émission stimulée entre les niveaux 1 et 2, les équations des densités de populations des différents niveaux d'énergies du Cr^{4+} s'écriront alors comme suit :

$$\frac{dn_{s1}}{dt} = -n_{s1} W_{s13} + n_{s2} \frac{1}{\tau_{s21}} + n_{s3} W_{s31} \qquad (3.13)$$

$$\frac{dn_{s2}}{dt} = -n_{s2} \frac{1}{\tau_{s21}} + n_{s3} \frac{1}{\tau_{s32}} \qquad (3.14)$$

$$\frac{dn_{s3}}{dt} = n_{s1} W_{s13} - n_{s3} \left(\frac{1}{\tau_{s32}} + W_{s31} \right) \qquad (3.15)$$

Analyse et approximation

A température ambiante, la durée de désexcitation du niveau 3 vers le niveau 2 est inferieure a la nanoseconde elle-même très inférieure à la durée de désexcitation du niveau 2 vers le niveau 1 (de l'ordre de la microseconde). A cet effet, on considérera que les ions Cr^{4+} qui sont excités par le signal laser du niveau 1 vers le niveau 3 se retrouvent immédiatement sur le niveau 2 rendant ainsi pour une échelle de temps assez grande la population du niveau 3 quasiment nulle. On peut alors écrire :

$$\frac{dn_{s3}}{dt} = 0 \qquad (3.16)$$

L'équation (3.16) n'est valable que pour des variations temporelles lentes par rapport à la durée de vie du niveau 3 (τ_{s32}).

Des équations (3.15) et (3.16), on en déduit :

$$n_{s1} W_{s13} = n_{s3}\left(\frac{1}{\tau_{s32}} + W_{s31}\right) \qquad (3.17)$$

En négligeant n_{s3} devant n_{s1} dans l'équation (3.17), une condition sur la puissance du signal laser est ainsi déterminée et s'exprime suivant :

$$P_a << \frac{hc}{\lambda_a} \frac{\pi a^2}{\sigma_{s13} \Gamma_{sa} \tau_{s32}} \approx 6.6\ 10^4\ \text{Watts}$$

Sachant que les puissances du signal laser délivrées par ce laser à fibre étant très inférieures à cette valeur, on peut négliger n_{s3} devant n_{s1} et les équations (3.13) et (3.14) deviennent alors :

$$\frac{dn_{s1}}{dt} = -n_{s1} W_{s13} + n_{s2}\frac{1}{\tau_{s21}} \qquad (3.18)$$

$$\frac{dn_{s2}}{dt} = -n_{s2}\frac{1}{\tau_{s21}} + n_{s1} W_{s13} \qquad (3.19)$$

et la densité totale des ions Cr^{4+} s'exprimera suivant :

$$N_s = n_{s1} + n_{s2} \qquad (3.20)$$

En posant $n_{s1} = n_s$ et en utilisant l'une des équations (3.18) ou (3.19), l'équation du milieu absorbant saturable Cr^{4+} est ainsi déterminée et peut alors s'écrire comme :

$$\frac{dn_s}{dt} = -n_s F_a \frac{c}{n_s} \sigma_{s13} \Gamma_{sa} + \frac{N_s - n_s}{\tau_{s21}} \qquad (3.21)$$

Le premier terme à droite de l'équation (3.21) représente l'absorption des ions Cr^{4+} à la longueur d'onde du signal laser est 1080 nm et le second décrit l'émission spontanée du niveau 2 vers le niveau 1.

III-2-3 Etablissement de l'équation de la densité de photons à l'intérieur de la cavité

Pour décrire la variation temporelle de la densité de photons dans la cavité laser $\dfrac{dF_a}{dt}$, on utilise le modèle ponctuel qui assimile la cavité laser à un point. Cette approximation rend compte de la non prise en considération de la variation spatiale devant la variation temporelle et de la supposition que le gain du milieu actif tout au long de la fibre dopée Nd^{3+} ainsi que les pertes du milieu absorbant saturable tout au long de la fibre dopée Cr^{4+} sont uniformes. Ces considérations physiques sont motivées par la présence d'une faible longueur de notre cavité laser (de l'ordre de 1.5 m), par l'utilisation de puissances pompes assez élevées et d'une fibre du milieu amplificateur à double gaines pour une meilleure absorption par les ions du milieu amplificateur. Il est à noter que pour des lasers à gain non uniforme et de longue cavité, il est nécessaire d'utiliser le modèle à ondes progressives qui tient compte simultanément des variations temporelles et spatiales de la densité de photons à l'intérieur de la cavité.

Pour déterminer la variation temporelle de la densité de photons à l'intérieur de la cavité, la connaissance du coefficient de transmission de chaque élément de la cavité laser à la longueur d'onde de 1080nm est requise. La figure (3.9) décrit les différents éléments constituant la cavité laser.

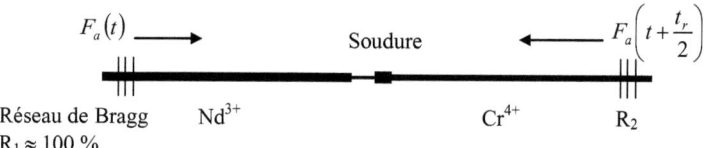

Figure (3.9) : Schéma de la cavité du laser à fibre

Le coefficient de transmission de la soudure est une constante mesurable expérimentalement (T_{so}). En outre, il existe un coefficient de transmission pour toute la cavité lié aux pertes intrinsèques réparties dans tout le cœur de la fibre (T_c).

Nous entamons dans ce paragraphe le calcul du coefficient de transmission du signal laser pour une longueur d'onde de 1080 nm quand il traverse le milieu amplificateur (fibre dopée Nd^{3+}). A cet effet, si $F_a(l)$ caractérise la densité de photons localisée à une longueur l du milieu amplificateur, pour une distance $l + dl$, la densité de photons est définie comme $F_a(l + dl)$ tel que $F_a(l + dl) = F_a(l) + F_a(l)\left(n_a\,\sigma_{21}\,\Gamma_a\,\mathrm{dl}\right)$. Cette équation reste valable tant que le gain demeure uniforme c'est-à-dire que n_a (inversion de population) est indépendante de l pour une variation de temps inferieure à la durée d'un aller-retour du photon dans la cavité laser. On détermine ainsi l'équation suivante :

$$\frac{dF_a}{F_a} = n_a\,\sigma_{21}\,\Gamma_a\,\mathrm{dl}$$

Et en intégrant sur toute la longueur de la fibre dopée Nd^{3+} on obtient :

$$F_a(l_a) = F_a(0)\,\exp\left(n_a\,\sigma_{21}\,\Gamma_a\,l_a\right)$$

De cette équation, on en déduit le coefficient de transmission du milieu amplificateur (fibre dopée Nd^{3+}) :

$$T_a = \exp\left(n_a\,\sigma_{21}\,\Gamma_a\,l_a\right) \qquad (3.22)$$

l_a : désigne la longueur de la fibre dopée Nd^{3+}.

L'argument de l'exponentielle dépend de n_a. Ce terme est toujours positif lors du pompage optique et par conséquent, les photons de longueur d'onde 1080nm seront amplifiés d'un facteur T_a en traversant la fibre dopée Nd^{3+}.

En utilisant un raisonnement analogue, on peut déterminer le coefficient de transmission pour la fibre dopée Cr^{4+} pour une longueur d'onde de 1080 nm :

$$T_s = \exp\left(-n_s\,\sigma_{s13}\,\Gamma_{sa}\,l_s\right), \qquad (3.23)$$

l_s désigne la longueur de la fibre dopée Cr^{4+}.

L'équation (3.23) signifie que les photons de longueur d'onde 1080 nm qui traverseront la fibre dopée Cr^{4+} de longueur l_s vont être absorbés d'un facteur T_s.

Pour établir l'équation temporelle de la variation de la densité de photons à l'intérieur de la cavité on calculera la variation de densité sur une durée égale à celle correspondant à un aller-retour dans la cavité laser. Soit $F_a(t)$ la densité de photons à l'instant t. A l'instant $t + t_r$ (t_r est la durée d'un aller-retour dans la cavité laser) les photons vont subir une double amplification en traversant la fibre dopée Nd^{3+}, une double absorption en traversant la fibre dopée Cr^{4+}, une double perte liée à la soudure et une double perte liée à la perte intrinsèque de la fibre. Par ailleurs, ceci s'accompagne d'une perte liée aux coefficients de réflexion des deux réseaux de Bragg (R_1 et R_2 qui jouent le rôle de miroirs pour la cavité laser). Ainsi, la densité de photons à l'instant $t + t_r$ s'écrira :

$$F_a(t+t_r) = F_a(t) T_{so}^2 T_c^2 \exp(2 n_a \sigma_{21} \Gamma_a l_a) \exp(-2 n_s \sigma_{s13} \Gamma_{sa} l_s) R_1 R_2 \\ + \frac{n_a}{\tau_2} t_r C_s T_{so}^2 T_c^2 \exp(2 n_a \sigma_{21} \Gamma_a l_a) \exp(-2 n_s \sigma_{s13} \Gamma_{sa} l_s) R_1 R_2 \quad (3.24)$$

C_s : proportion de photons émis spontanément et guidés dans la fibre [95]. Le second terme de la partie droite de l'équation (3.24) signifie que tous les photons émis par émission spontanée durant t_r du niveau 2 vers 1 du Nd^{3+} et qui sont guidés dans la fibre subiront une amplification dans la fibre dopée Nd^{3+} grâce à la présence du terme $\exp(n_a \sigma_{21} \Gamma_a l_a)$ et une atténuation par les termes restants. Ce terme joue un rôle très important car c'est l'émission spontanée qui enclenche le processus laser.

A partir de l'équation (3.24) on en déduit l'équation de la densité de photons à l'intérieur de la cavité :

$$\frac{dF_a}{dt} = \left\{ \frac{F_a}{t_r} + \frac{n_a c_s}{\tau_{21}} \right\} \exp(2 n_a \sigma_{21} \Gamma_a l_a - 2 n_s \sigma_{s13} \Gamma_{sa} l_s + 2\ln(T_{so} + T_c) + \ln(R_1 R_2)) - \frac{F_a}{t_r} \quad (3.25)$$

III-3 comparaison des résultats des simulations avec les résultats expérimentaux de la littérature.

En disposant maintenant des équations régissant le fonctionnement de notre laser et pour une validation préalable de nos simulations, nous avons comparé nos résultats de simulation avec ceux obtenus au laboratoire LPMC de Nice. Pour résoudre les trois équations cinétiques, nous avons utilisé le résolveur ODE15S du logiciel MATLAB [96].

III-3-1 Dispositif expérimental réalisé au LPMC de Nice

L'architecture du laser passivement Q-déclenché réalisé au laboratoire LPMC de Nice est représenté sur la figure (3.10) [93].

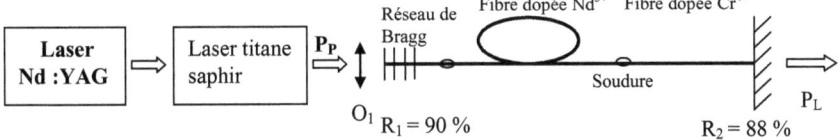

Figure (3.10): Schéma d'un laser PQD intégré en fibre optique

La cavité laser est constituée de deux miroirs : un miroir de sortie de coefficient de réflexion $R_2 = 88$ % et un réseau de Bragg photo-inscrit de coefficient de réflexion $R_1 = 90$ % à 1084 nm et une largeur spectrale de 0.3 nm. Le milieu actif est une fibre optique dopée au Nd^{3+} qui absorbe à la longueur d'onde de pompe de 790 nm et qui émet à la longueur d'onde du signal laser à 1084 nm. L'absorbant saturable est une fibre optique dopée Cr^{4+} qui absorbe à la longueur d'onde d'émission du Nd^{3+} (1084 nm). La fibre dopée Nd^{3+} est une fibre monomode alors que la fibre dopée Cr^{4+} est une fibre faiblement multimodes (V~2.8). Les transmissions des soudures réseau de Bragg/fibre Nd^{3+} et fibre Nd^{3+}/fibre Cr^{4+} sont respectivement de l'ordre de $T_{s1} = 86\%$ et $T_{s2} = 76$ %. Les caractéristiques des deux fibres sont décrites dans le tableau (3.1) Le pompage optique s'effectue par un laser accordable Titane saphir pour une longueur d'onde de 790nm qui lui-même est pompé par un laser Nd :Yag à la longueur d'onde de 532 nm après doublage de fréquence de 1064 nm. L'objectif O_1 sert à focaliser le faisceau laser pompe sur l'entrée de la fibre contenant le réseau de Bragg. La puissance pompe absorbé par la fibre dopée Nd^{3+} n'est pas directement mesurée mais elle est estimée à partir de l'efficacité de couplage, les pertes à la soudure et la puissance pompe transmise à la sortie de l'extrémité de la fibre dopée Nd^{3+}.

fibre	dopants	absorption (dB/m)	diam. de cœur (μm)	O. N.	longueur (m)
amplificatrice	Nd^{3+}	~2,3	5,7	0,13	5
absorbante	Cr^{4+}	~22	9,5	0,16	0,25

Tableau (3.1) : Principales caractéristiques des fibres utilisées

Pour des longueurs de fibre absorbant saturable (l_s) supérieures à 0.1 m et des puissances de pompes supérieures à la puissance seuil, on obtient un régime impulsionnel, par contre pour des longueurs de fibre absorbant saturable inférieures à 0.1 m, un régime continu et sinusoïdal est observé.

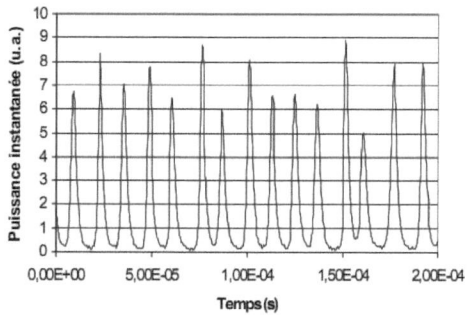

Figure (3.11) : Impulsions laser obtenues pour une puissance de pompe absorbée de 236 mW

La figure (3.11) illustre les impulsions obtenues pour une longueur d'absorbant saturable de 0.25 m et une puissance pompe de 233 mW. Elles présentent une puissance d'environ 8 mW et sont un peu chaotiques. Cela peut-être interprété par l'existence de deux modes de polarisation dans un est plus grand que l'autre et oscillant en même temps dans la cavité laser.

La figure (3.12) illustre l'évolution de la puissance moyenne du signal laser en fonction de la puissance de pompe absorbée pour une longueur l_s de 0.25 m. La puissance pompe seuil (P_{th}) est ≈ 150 mW et l'efficacité du laser ≈ 0.97 % signifiant l'existence de pertes appréciables dans la cavité.

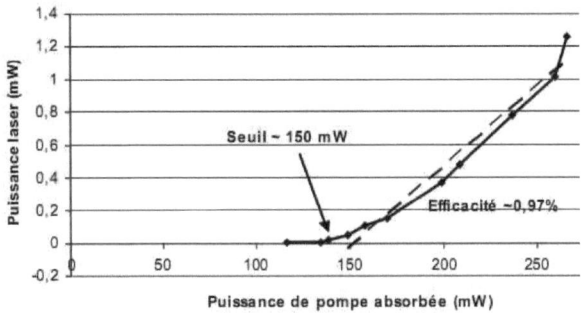

Figure (3.12) : Puissance moyenne du signal laser à 1084 nm en fonction de la puissance pompe

La figure (3.13) décrit l'évolution de la fréquence de répétition et de la largeur des impulsions en fonction de la puissance pompe absorbée pour une longueur de la fibre absorbant saturable de 0.25 m.

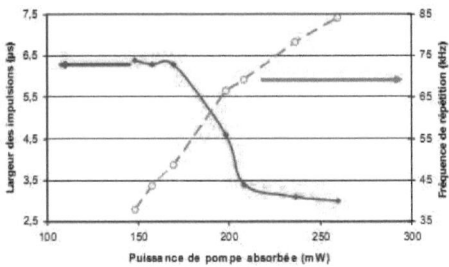

Figure (3.13) : largeur à mi-hauteur et fréquence de répétition des impulsions en fonction de la puissance pompe

On observe une augmentation linéaire (36 kHz à 84 kHz) de la fréquence de répétition tandis que la largeur des impulsions diminue (6.4 µs jusqu'à 3 µs) avec une baisse prononcée au voisinage de 190 mW.

III-3-2 Simulation numérique du dispositif expérimental réalisé au LPMC de Nice

Dans une première étape et dans l'objectif d'établir une comparaison entre nos résultats de simulation et ceux obtenus expérimentalement, les mêmes paramètres que ceux décrits dans les expériences ont été utilisés dans notre modèle numérique. Ces paramètres et les résultats expérimentaux sont ceux présentés en haut. La figure (3.14) traduit la puissance de sortie du laser en fonction du temps pour une puissance pompe de 236 mW. Le tracé de la figure est réalisé en tenant compte de ces mêmes paramètres. Comparativement à la puissance de sortie obtenue expérimentalement (≈ 8 mW), on remarque que la puissance de sortie du laser est de 65 W (8125 fois plus grande).

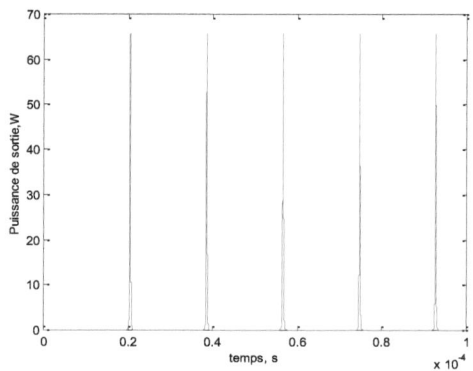

Figure (3.14) : Puissance laser de sortie en fonction du temps obtenue numériquement en utilisant les mêmes paramètres que ceux utilisés dans l'expérience.

La figure (3.15) montre l'évolution des fréquences de répétition des impulsions ainsi que leurs largeurs a mi-hauteur. Une augmentation de la fréquence de répétitions (25 kHz à 68 kHz) est observée alors que la largeur à mi-hauteur des impulsions diminue (0.24 µs à 0.19 µs).

Un grand désaccord entre les simulations numériques et les résultats expérimentaux est aussi relevé dans ce cas de figure.

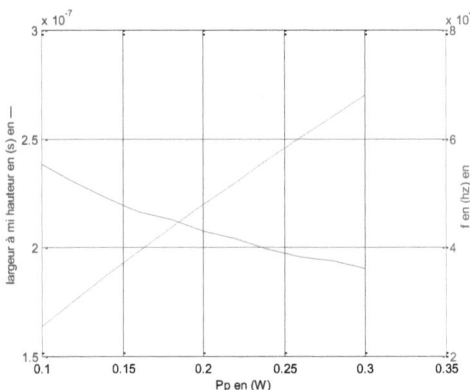

Figure (3.15) : Largeur à mi-hauteur et fréquence de répétition en fonction de la puissance pompe obtenues numériquement en utilisant les mêmes paramètres que ceux utilisés dans l'expérience.

Une première conclusion s'impose: il existe un désaccord total entre les résultats issus de simulations numériques avec ceux obtenus par des méthodes expérimentales. Cependant, il est utile de souligner qu'une diminution importante des pertes de la cavité laser entraine un rapprochement des résultats (simulation et expérience). A cet effet, une question s'impose : Quelle est l'origine de ces pertes alors que tous les paramètres du laser sont bien mesurés? Nous pensons que ces pertes soient liées à l'élargissement inhomogène du gain du milieu amplificateur et à la fine largeur spectrale du réseau de Bragg présente dans le dispositif expérimental (de l'ordre de 0.3 nm). En effet, la largeur du gain pour les ions amplificateurs placés dans une matrice vitreuse est beaucoup plus grande comparativement à ceux existants dans une matrice cristalline.

La figure (3.16) [50] comparant le spectre d'émission pour une longueur d'onde ≈ 1060nm et à température ambiante du Nd^{3+}:YAG et du Nd^{3+} localisé dans une matrice de silice vitreuse traduit cette différence.

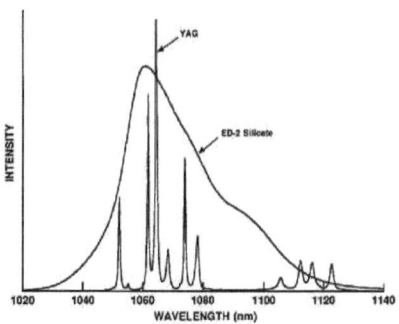

Figure (3.16) : Comparaison du spectre d'émission du Nd^{3+} dopée dans YAG et Nd^{3+} dopée dans la silice vitreuse.

Cet élargissement du gain dans la matrice vitreuse est causé par la différence spectroscopique entre les ions individuels. Cette situation survient parce que chaque ion dopant occupe un site unique dans la matrice vitreuse et voit ainsi un champ électrique cristallin différent, le spectre d'émission des ions dopants dans la matrice vitreuse est alors la somme totale des différents spectres d'émission de chaque ion individuel. Dans le cas de l'élargissement inhomogène, chaque section du spectre du gain agit indépendamment et peut-être adressé individuellement par des photons de différentes longueurs d'onde. Par contre, dans le cas de l'élargissement homogène, toute la puissance emmagasinée dans le milieu à gain peut-être extraite par n'importe quelle longueur d'onde comprise à l'intérieur du spectre du gain. C'est pour cette raison que les lasers à matrice cristalline sont plus performants que les lasers à matrice vitreuse. Dans l'architecture laser entièrement fibré présenté dans ce travail, nous avons utilisé des réseaux de Bragg chirpées à large bande pour extraire toute l'énergie du milieu amplificateur. Si les réseaux de Bragg qui jouent le rôle de miroirs dans la cavité laser présentent une bande fine (voir dispositif expérimental) et sachant que l'élargissement du gain est inhomogène, la conversion en signal laser concernera alors une petite fraction de l'énergie du gain.

La figure (3.17) illustre le spectre de super fluorescence ou de l'émission spontanée amplifiée obtenue à partir d'une fibre Germano-silicate dopée Nd^{3+} pompé à 790 nm (la fibre est de même nature que celle utilisée dans le dispositif expérimental précédemment cité).

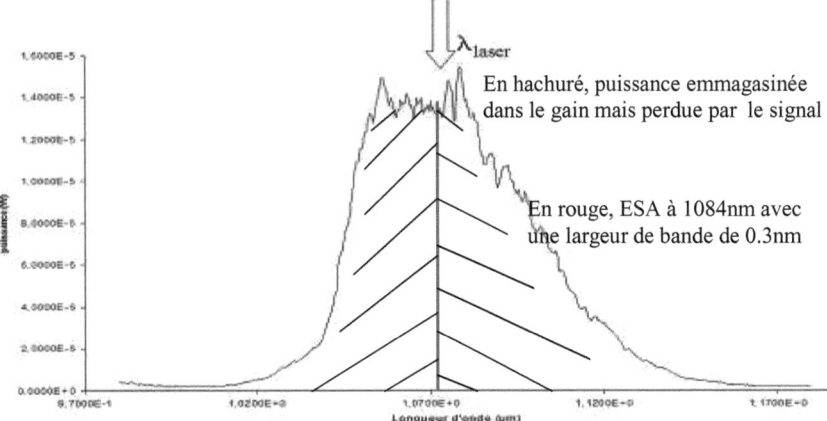

Figure (3.17) : *Courbe de super fluorescence de l'ion Nd^{3+} dopé dans une fibre germano-silicate. En abscisse, la longueur d'onde en μm, en ordonnée la puissance en Watts.*

La largeur à mi-hauteur du spectre d'émission spontanée amplifiée des ions Nd^{3+} est ≈ 50 nm, et puisque l'émission du laser présente une bande fine de 0.3 nm pour une longueur d'onde de 1084 nm (correspondant à celle du réseau de Bragg). Dans ce cas, sauf une petite portion du gain comprise dans la bande de 0.3 nm (en rouge dans la figure (3.17)) est convertie en signal laser alors que toute l'énergie stockée dans la bande hachurée du gain est perdue. Ceci signifie qu'une petite portion de l'énergie de pompe ainsi qu'une fraction des ions amplificateur Nd^{3+} sont utilisés pour le laser.

Afin d'inclure dans les équations cinétiques régissant le fonctionnement du laser, les pertes liées aux bandes spectrales du signal laser et du gain, nous avons alors introduit la conservation de l'énergie. En effet, lorsqu'on pompe avec une puissance de pompe donnée, on fournit à la fibre dopée Nd^{3+} une certaine quantité d'énergie par unité de temps qu'on devrait retrouver à la sortie de la fibre dopée Nd^{3+} (sans cavité laser donc sans miroirs) sous forme d'émission spontanée amplifiée et sous forme d'énergie de chaleur (augmentation de la température de la fibre). Cette interprétation est liée à l'efficacité quantique puisque la longueur d'onde de l'émission spontanée amplifiée est plus grande que la longueur d'onde de pompe. Dans cette configuration, toute l'énergie fournie par la pompe par unité de temps est récupérée sous forme d'énergie d'ESA par unité de temps. Lorsqu'on place une cavité résonante pour la fibre dopée Nd^{3+} (deux miroirs présentent une largeur spectrale donnée), toute l'énergie fournie par la pompe par unité de temps se retrouve sous forme d'énergie laser pour une longueur d'onde de 1084 nm présentant alors une bande spectrale analogue à celle du miroir (dans notre cas 0.3nm) et aussi sous forme d'ESA à des longueurs d'onde comprises à l'intérieur du spectre de gain excepté la bande de 0.3 nm pour laquelle le laser fonctionne. Cependant, sachant que le signal laser se construit à partir de l'accumulation sur plusieurs allers-retours dans la cavité de l'ESA (bande de 0.3nm) et aussi que la pompe fournit toujours la même quantité d'énergie, la même perte d'énergie par unité de temps avec ou sans cavité résonante (en mettant ou pas deux miroirs a la fibre dopée Nd^{3+}) est enregistrée.

Nous calculons maintenant la portion $\propto$ de l'énergie utile pour le laser sur l'ensemble de l'énergie fournit par la pompe en négligeant l'énergie thermique perdue liée à l'efficacité quantique (déjà incluse dans les équations cinétiques).

$$\propto = \frac{energie\ par\ unite\ de\ temps\ de\ l'ESA\ comprise\ dans\ la\ bande\ de\ 0.3nm}{energie\ par\ unite\ de\ temps\ de\ l'ensemble\ de\ l'ESA}$$

Le calcul de $\propto$ a été réalisé en discrétisant en bandes de 0.3nm le spectre d'émission du gain de la figure. La valeur trouvée correspond à $\propto \approx 0.0044$ (0.44 %).

$(1-\propto) \approx 99.56\ \%$ définit le taux de pertes non utiles (fraction d'énergie perdue sur l'ensemble de l'énergie fournie pour le système laser sur un seul passage des photons dans la cavité laser). Comme les pertes non utiles sont traduites dans l'équation de la densité de photons par un coefficient de transmission T (équation (3.25)), l'addition du facteur $\propto$ dans l'équation (3.25) traduisant un coefficient de transmission de la densité de photons à l'intérieur de la cavité laser permet ainsi d'obtenir un assez bon accord entre les résultats de simulation et ceux déduits de l'expérience.

Les figures (3.18 - 3.21) illustrent la comparaison entre les résultats expérimentaux et les simulations numériques de l'évolution de certaines grandeurs physiques du laser (largeur à mi-hauteur des impulsions, fréquence de répétition et puissance moyenne de sortie du signal laser en fonction de la puissance pompe injectée). Les résultats de simulation sont obtenus avec un coefficient de transmission total de 45 % (pertes dues aux soudures et celles intrinsèques liées aux fibres du laser, excepté les pertes liées à la bande du réseau de Bragg ($\propto$)).

La comparaison entre les résultats expérimentaux et de simulation de la puissance moyenne de sortie du signal laser en fonction de la puissance pompe est représentée sur la figure (3.18). La courbe en pointillé est obtenue en décalant les points obtenus par simulation de + 22 mW selon l'axe des abscisses. On remarque que la courbe de la puissance moyenne en fonction de la puissance pompe est une droite présentant une efficacité $\approx$ 1 % (analogue à celle de la courbe expérimentale). Par contre, la puissance pompe seuil est de 160 mW (légèrement supérieure à l'expérimentale $\approx$ 150 mW).

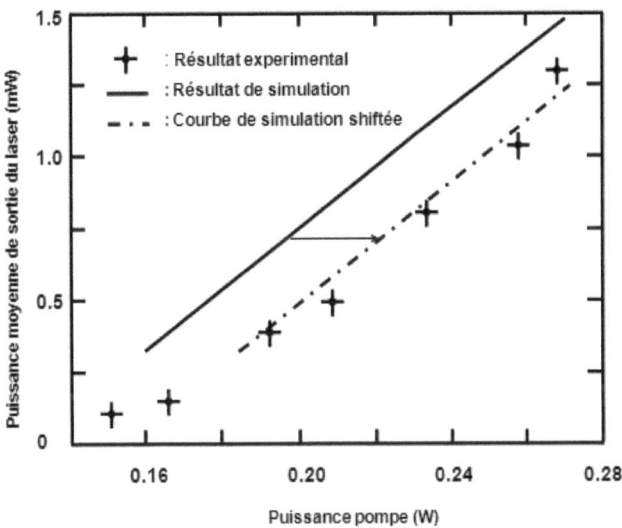

Figure (3.18) : Comparaison entre les résultats expérimentaux et de simulation de la puissance moyenne de sortie du laser en fonction de la puissance pompe.

La comparaison entre les résultats expérimentaux et ceux issus des simulations de la fréquence de répétition des impulsions du signal laser en fonction de la puissance pompe injectée est décrite par la figure (3.19). La courbe en pointillé est réalisée en décalant les points obtenus par simulation de +22 mW selon l'axe des abscisses. La fréquence de répétition augmente presque linéairement en fonction de la puissance pompe injectée (augmentation allant de 55 kHz à 76 kHz pour une puissance pompe variant de 160 mW à 270 mW, respectivement). Un accord qualitatif entre les résultats expérimentaux et ceux issus de simulation est obtenu. Rappelons que dans les résultats expérimentaux, une augmentation linéaire avec la puissance pompe injectée est observée (augmentation de 40 kHz à 85 kHz pour une puissance pompe variant de 150 mW à 270 mW, respectivement).

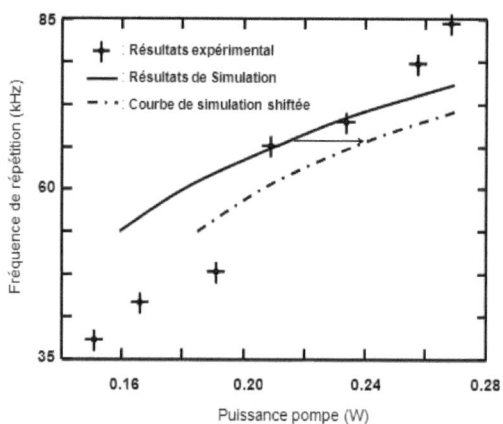

Figure (3.19) : Comparaison entre les résultats expérimentaux et de simulation de la fréquence de répétition des impulsions du laser en fonction de la puissance pompe.

La comparaison entre les résultats expérimentaux et ceux issus des simulations de la largeur à mi-hauteur des impulsions du signal laser en fonction de la puissance pompe injectée est réalisée dans la figure (3.20). La courbe en pointillé est obtenue en décalant les points obtenus par simulation de +22 mW selon l'axe des abscisses et d'environ 1.2µs selon l'axe des ordonnées. Dans ce cas un accord qualitatif entre les résultats de simulations et les résultats expérimentaux est aussi obtenu. La largeur à mi-hauteur des impulsions diminue de 6.5 µs à 0.4 µs pour une puissance pompe croissante (de 160 mW à 270 mW). Il est utile de signaler que dans le cas expérimental, cette largeur à mi-hauteur diminue de 6.5 µs à 3.2 µs pour une puissance pompe augmentant de 150 mW à 270 mW.

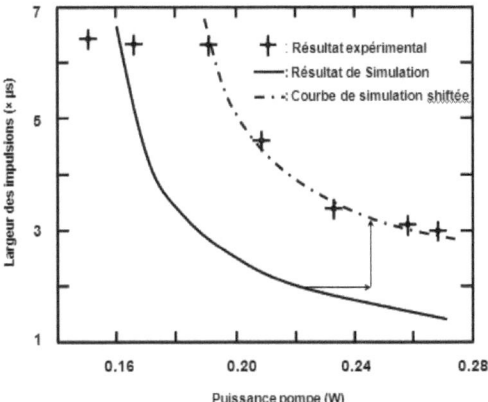

Figure (3.20) : Comparaison entre les résultats de simulations et les résultats expérimentaux de la largeur à mi-hauteur des impulsions laser en fonction de la puissance pompe.

Bien qu'une tendance générale de comportement et d'évolution des courbes expérimentale et de simulation soit observée, une différence de magnitude pour certains points sur les figures est décelée. Deux raisons majeures peuvent expliquer cette observation. La première est qu'expérimentalement l'existence de deux modes de polarisation dont un présente une plus grande puissance par rapport à l'autre a été observé [93], tandis que dans notre cas et dans nos simulations numériques, seul le mode principal de plus grande puissance est considéré et le deuxième mode de polarisation (faible amplitude) est négligé. La seconde raison vient du fait que même si la différence est aussi élevée (facteur 2) pour certains points suivant l'axe des ordonnées, ceci se justifie aisément par le décalage de ≈ 15% suivant l'axe des abscisses (correspondant à 22 mW de puissance pompe). Ce décalage est probablement engendrée par une surestimation de la puissance pompe couplée dans la fibre. Dans la référence [93], les auteurs ont clairement mentionné que la puissance pompe absorbée par la fibre dopée Nd^{3+} n'est pas directement mesurée mais estimée à partir de l'efficacité de couplage, des pertes existantes sur la soudure et de la puissance pompe transmise à la sortie de l'extrémité de la fibre dopée Nd^{3+}.

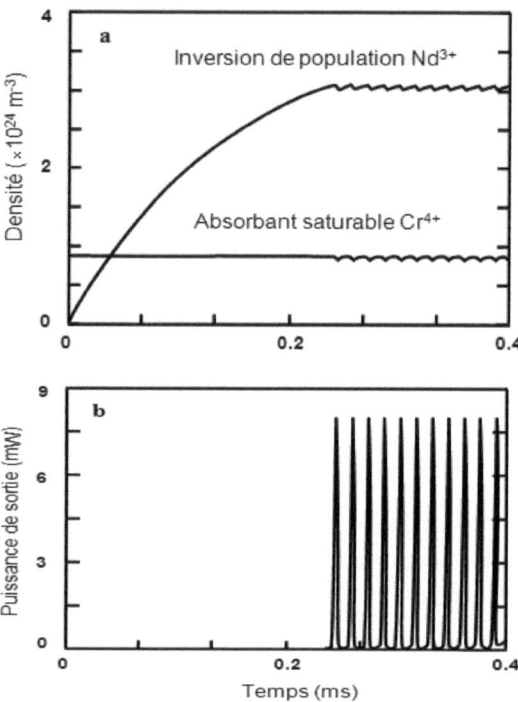

Figure (3.21) : *(a) Variation temporelle de la densité de l'inversion de population Nd^{3+} et de l'absorbant saturable Cr^{4+}. (b) Variation temporelle de la puissance de sortie du signal laser.*

Avec ce modèle et en utilisant les mêmes paramètres que ceux décrits dans l'expérience (en incluant les pertes liées à la bande spectrale du réseau de Bragg), la densité d'ions absorbants saturables Cr^{4+} et l'inversion de population des ions Nd^{3+} ainsi que la variation temporelle de la puissance de sortie du signal laser figure (3.21 a et b) ont été calculées. Des impulsions laser d'une puissance crête de 8 mW comparables à celles mesurées expérimentalement sont observées. De Plus, l'inversion de population des ions Nd^{3+} ainsi que la population de l'absorbant saturable oscillent dans le temps avec des amplitudes faibles. Ceci a pour conséquence que seule une fraction d'énergie emmagasinée dans le gain est alors restituée au signal laser.

Conclusion

Dans ce chapitre une architecture avancée d'un laser entièrement fibré dopé au Nd^{3+} passivement Q-déclenché par un absorbant saturable Cr^{4+} est proposé. On a décrit l'utilité et aussi justifié le choix de chaque élément présent dans cette architecture. A l'aide du modèle ponctuel, on a pu établir les trois équations cinétiques régissant le fonctionnement du laser. De plus, les pertes liées la largeur de bande du réseau de Bragg ont pu être introduites dans l'équation de la densité de photons. Un accord qualitatif (quelquefois quantitatifs) est alors obtenu entre les résultats issus de simulations numériques et ceux expérimentaux décrits dans la littérature. Ainsi, cela permet de valider nos simulations et constitue une motivation supplémentaire pour simuler complètement l'architecture avancée du laser entièrement fibrée présentée dans ce chapitre.

Chapitre **IV**

Etude de la stabilité linéaire et simulation numérique de l'architecture proposée du laser

En s'appuyant sur les équations cinétiques décrivant le fonctionnement du laser, l'étude de la stabilité linéaire pour le laser sera réalisée dans une première étape. A ce titre, on s'intéressera particulièrement à l'évolution des parties réelles des valeurs propres du système en fonction de la puissance de pompe injectée dans le laser ainsi que de la concentration en ions absorbant saturable Cr^{4+}. L'objectif étant d'expliquer et de prévoir les zones des différents régimes de fonctionnement du laser déduites des simulations numériques et englobant simultanément le régime impulsionnel, continu, et sinusoïdal. Dans une seconde phase, les paramètres pouvant optimisé le fonctionnement du laser en régime impulsionnel avec des impulsions très énergétiques seront ainsi déterminées en s'aidant des simulations numériques.

IV-1 Etude de la stabilité linéaire

En tenant compte des pertes liées à la largeur spectrale du réseau de Bragg ainsi que celles du milieu amplificateur α, les équations cinétiques (3.12), (3.21), (3.25) régissant le fonctionnement du laser peuvent alors se réécrire selon les expressions suivantes :

$$\frac{dF_a}{dt} = \left\{\frac{F_a}{t_r} + \frac{n_a c_s}{\tau_{21}}\right\} \exp\left(2 n_a \sigma_{21} \Gamma_a l_a - 2 n_s \sigma_{s13} \Gamma_{sa} l_s + 2\ln(T_{so} + T_c + \alpha) + \ln(R_1 R_2)\right) - \frac{F_a}{t_r} \quad (4\text{-}1)$$

$$\frac{dn_a}{dt} = k F_p \frac{c}{\eta_g} \sigma_{03} (N - n_a) - \frac{1}{\tau_{21}} n_a - \left(\frac{c}{\eta_a} \sigma_{21} \Gamma_a\right) F_a n_a \quad (4\text{-}2)$$

$$\frac{dn_s}{dt} = -n_s F_a \frac{c}{n_s} \sigma_{s13} \Gamma_{sa} + \frac{N_s - n_s}{\tau_{s21}} \quad (4\text{-}3)$$

Le paramètre ∝ pour l'architecture avancée du laser est obtenu de manière analogue à celle décrite dans le chapitre précédent. Ainsi, une valeur de 0.2 est obtenue (c'est-à-dire 20 % pour 3 nm de bande spectrale du réseau de Bragg).

Par souci de simplicité et d'allègement des calculs, les notations suivantes seront adoptées:

$\alpha_a = 2\,\sigma_{21}\,\Gamma_a\,l_a,$ $\qquad \alpha_s = 2\,\sigma_{s13}\,\Gamma_{sa}\,l_s,$ $\qquad L = 2\ln(T_{so}\,T_c\,\propto) + \ln(R_1\,R_2)$

$\beta_p = k\,F_p\,\frac{c}{\eta_g}\,\sigma_{03},$ $\qquad \beta_a = \frac{c}{\eta_a}\,\sigma_{21}\,\Gamma_a,$ $\qquad A_{21} = \frac{1}{\tau_{21}},$ $\qquad A_{s21} = \frac{1}{\tau_{s21}}$

$\beta_s = \frac{c}{\eta_s}\,\sigma_{s13}\,\Gamma_{sa}.$

Dans ce cas, les équations (4.1), (4.2) et (4.3) s'écriront en fonction des nouveaux paramètres:

$$\frac{dF_a}{dt} = \left\{\frac{F_a}{t_r} + n_a\,C_s\,A_{21}\right\}exp(\alpha_a n_a - \alpha_s n_s + L) - \frac{F_a}{t_r} \qquad (4.4)$$

$$\frac{dn_a}{dt} = \beta_p(N - n_a) - n_a(A_{21} + F_a\,\beta_a) \qquad (4.5)$$

$$\frac{dn_s}{dt} = -n_s\,F_a\,\beta_s + (N_s - n_s)\,A_{s21} \qquad (4.6)$$

IV-1-1 Détermination de la puissance pompe seuil

Afin de déterminer la puissance de pompe seuil, la connaissance et la détermination des points stationnaires pour les trois équations cinétiques est requise. Ceci est obtenu en annulant la variation temporelle ($\frac{d}{dt}$) dans les équations (4.4), (4.5), (4.6) et en négligeant le terme de l'émission spontanée des ions Nd^{3+} (équation 4.4) en raison de sa non influence sur la dynamique du laser [84]. Cependant, et il est utile de le souligner, ce paramètre est très important pour le démarrage du laser (il initie l'émission laser). Ainsi, le point stationnaire relatif à la densité de photons à l'intérieur de la cavité $\hat{F}_a$, le point stationnaire du milieu amplificateur $\hat{n}_a$ et le point stationnaire relatif à l'absorbant saturable $\hat{n}_s$ sont alors obtenus et peuvent-être exprimés selon :

$$\hat{n}_s = \frac{A_{s21}\,N_s}{\hat{F}_a\,\beta_s + A_{s21}} \qquad (4.7)$$

$$\hat{n}_a = \frac{\beta_p\,N}{\beta_p + A_{21} + \hat{F}_a\,\beta_a} \qquad (4.8)$$

$$(L\beta_a\beta_s)\hat{F}_a^2 + \{\beta_s(L\beta_p + LA_{21}) + A_{s21}L\beta_a - \alpha_s A_{s21}N_s\beta_a + \alpha_a\beta_p N\beta_s\}\hat{F}_a +$$
$$\{\alpha_a\beta_p N A_{s21} - \alpha_s A_{s21}N_s(\beta_p + A_{21}) + A_{s21}(L\beta_p + LA_{21})\} = 0 \quad (4.9)$$

La valeur stationnaire de la densité de photons est une solution d'un polynôme du second degré admettant pour solutions deux racines réelles parmi lesquelles une seule est toujours positive pour une puissance de pompe supérieure au seuil laser.

La puissance pompe seuil du laser P_{th1} est obtenu en annulant la densité de photons stationnaire $\hat{F}_a$ dans l'équation (4.9) :

$$B_p^{th1} = \frac{N_s\alpha_s A_{21} - LA_{21}}{\alpha_a N - \alpha_s N_s + L} \quad (4.10)$$

L'équation (4.10) permet de déduire la puissance pompe seuil P_{th1} que doivent émettre les diodes laser à l'effet de réaliser une densité de photon stationnaire nulle. Notant que pour obtenir un fonctionnement du laser, une densité de photons stationnaire supérieure à zéro est nécessaire. En conséquence, la vraie puissance pompe seuil permettant un fonctionnement en impulsionnel du laser est supérieur à P_{th1}, cependant cette dernière grandeur nous donne un ordre de grandeur de la puissance pompe nécessaire.

$$P_{th1} = \frac{h\nu_p \pi a_g^2}{k\sigma_{03}} \frac{2\sigma_{s13}\Gamma_{sa}l_s N_s A_{21} - LA_{21}}{2\sigma_{21}\Gamma_a l_a N - 2\sigma_{s13}\Gamma_{sa}l_s N_s + L} \quad (4.11)$$

IV-1-1-1 Détermination de la puissance pompe seuil pour une cavité laser sans absorbant saturable

Le seuil laser en absence de l'absorbant saturable P_{th0} est obtenu en annulant la longueur de la fibre absorbante saturable $l_s = 0$ dans l'équation (4.11) ainsi que les pertes de soudure qui sont présent dans le paramètre L.

$$P_{th0} = \frac{h\nu_p \pi a_g^2}{k\sigma_{03}} \frac{-LA_{21}}{2\sigma_{21}\Gamma_a l_a N + L} \quad (4.12)$$

La figure (4.1) illustre la variation de la puissance pompe seuil sans la fibre absorbant saturable en fonction de la longueur de la fibre dopée Nd^{3+}. Cette évolution est obtenue avec une densité d'ions amplificateur Nd^{3+} de $1.4 \, 10^{25}$. Deux régions distinctes apparaissent: la première (située entre 0 et 0.35 m) présente des puissances pompes négatives qui n'ont aucune signification physique. Cependant, on peut expliquer cette caractéristique par le fait que les pertes de la cavité laser sont plus importantes que le gain que fournit le milieu amplificateur (inexistence d'émission laser avec une longueur de la fibre dopée Nd^{3+} inferieure à 0.35 m et ayant une concentration de $1.4 \, 10^{25}$). La seconde région est obtenue pour une longueur de fibre absorbant saturable supérieur à 0.35 m. Au voisinage de 0.35 m, on remarque que pour atteindre le seuil de fonctionnement du laser, la présence de puissances pompe très élevées est indispensable. Pour des valeurs faiblement supérieures à 0.35 m, une diminution brusque des puissances pompe est observée pour atteindre 206.4 W à 0.4 m suivie d'une diminution lente pour atteindre 10.4 W à 1.5 m et 4.53 W à 3 m.

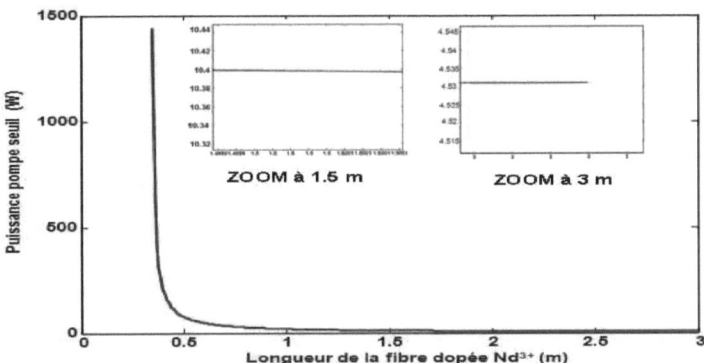

Figure 4.1 : Variation de la puissance pompe seuil en fonction de la longueur de la fibre dopée Nd^{3+} pour une cavité laser sans absorbant saturable.

IV-1-1-2 Détermination de la puissance pompe seuil pour une cavité laser en présence de l'absorbant saturable

On s'intéresse maintenant à la puissance pompe seuil en présence de l'absorbant saturable et l'objectif principal de cette investigation est de comprendre la variation de cette puissance pompe en fonction de la longueur de l'absorbant saturable, de la longueur de la fibre dopée Nd^{3+} ainsi que de la densité des ions amplificateur Nd^{3+} et Cr^{4+}.

IV-1-1-2-1 effet de la concentration du milieu amplificateur dopée Nd^{3+} et de sa longueur sur la puissance pompe seuil

La figure (4.2.a) nous montre l'évolution de la puissance pompe seuil en fonction de la longueur de la fibre dopée Nd^{3+} pour une longueur de la fibre absorbant saturable Cr^{4+} de 0.2m et une concentration $Ns=1.8\ 10^{25}$ et une densité d'ions Nd^{3+} $N = 1.4.10^{25}$. Une allure des courbes analogue à celle de la figure (4.1) est observée. Deux régions caractérisent cette évolution: la première est située entre 0 et 0.5 m pour laquelle on a des puissances pompes seuil négatives qui n'ont aucune signification physique et la deuxième est obtenue pour une longueur de la fibre dopée Nd^{3+} supérieur à 0.5 m. Pour 0.5 m, on remarque des puissances seuil très-très élevées diminuant brusquement pour atteindre 169 W à 0.6 m suivie d'une diminution lente pour atteindre 17.45 W à 1.5 m et 7 W à 3m. La figure (4.2.b) illustrant l'évolution de la puissance pompe seuil en fonction de la concentration en ions Nd^{3+} est obtenue pour une longueur de la fibre dopée Nd^{3+} de 1.5 m (les autres paramètres sont analogues à ceux obtenus dans la figure (4.2.a)). Cette figure a la même allure que la figure (4.2.a) et que là aussi on peut la séparer en deux régions : une région situé entre 0 et $4.7\ 10^{24}$ ions/m³ avec des puissances pompe seuil négatives et l'autre est réalisée pour des concentrations en ions Nd^{3+} supérieures à $4.7\ 10^{24}$ ions/m³. En effet, l'augmentation de la concentration en ions Nd^{3+} (longueur de fibre constante) ou l'augmentation de la longueur de la fibre dopée Nd^{3+} (concentration en ions Nd^{3+} constante) représentent deux situations identiques. Dans les deux cas, le nombre d'ions amplificateurs Nd^{3+} est augmenté, c'est la raison pour laquelle on obtient la même évolution pour les deux figures.

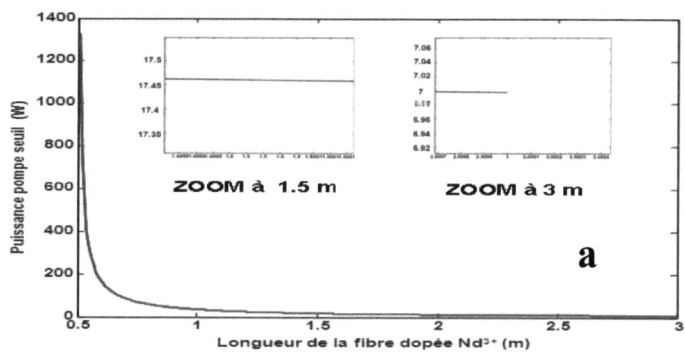

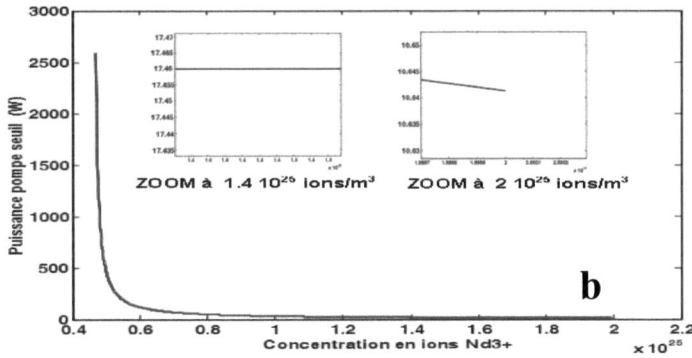

Figure (4.2) : Variation de la puissance pompe seuil en fonction de :a) Longueur de la fibre dopée Nd^{3+}, b) Concentration en ions Cr^{4+} pour une cavité laser avec absorbant saturable

IV-1-1-2-2 Effet de la concentration du milieu absorbant saturable dopée Cr^{4+} et de sa longueur sur la puissance pompe seuil

La figure (4.3.a) et (4.3.b) caractérisent respectivement l'évolution de la puissance de pompe seuil en fonction de la longueur de la fibre absorbant saturable dopée Cr^{4+} et de la concentration en ions Cr^{4+}. Les deux figures sont obtenues pour une longueur de la fibre amplificatrice dopée Nd^{3+} de 1.5 m et une densité de 1.4 ions/m³. Dans la figure (4.3.a) la concentration en ions Cr^{4+} est fixé à $1.8\ 10^{24}$ ions/m³ alors que dans la figure (4.3.b) c'est la longueur qui est fixée à 0.2 m. Dans les deux configurations, on remarque que lorsque la longueur ou la concentration de la fibre absorbant saturable est augmentée, la puissance pompe seuil nécessaire pour le fonctionnement du laser augmente. Ceci est dû au fait que l'augmentation de ces paramètres induit une augmentation du nombre d'ions absorbants saturables engendrant ainsi une augmentation des pertes de la cavité laser. Pour compenser ces pertes et atteindre le seuil de fonctionnement du laser, il faut alors pomper plus.

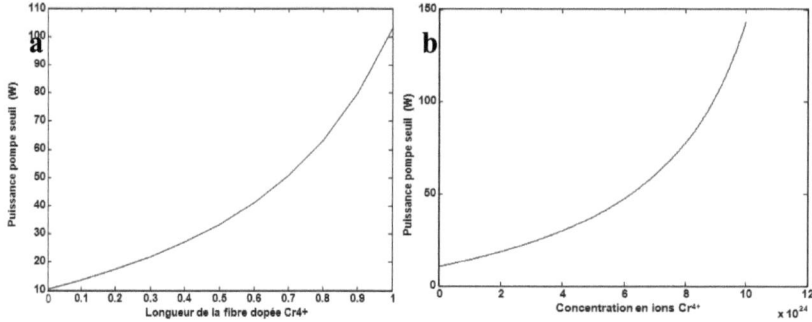

Figure (4.3) : Variation de la puissance pompe seuil en fonction de :a) Longueur de la fibre dopéeCr^{4+}, b) Concentration en ions Cr^{4+} pour une cavité laser avec absorbant saturable

A partir de la figure (4.3.a.b), on peut observer que la puissance pompe seuil pour une cavité laser sans absorbant saturable est de 10.4 W et que la puissance pompe seuil avec une longueur de la fibre absorbant saturable de 0.2 m et une concentration de 1.8 10^{24} est de 17.45 W. Par contre pour une concentration en ions Cr^{4+} de 5.2 10^{24} la puissance de pompe seuil est de 39.22W. Ces ordres de grandeurs pour les valeurs numériques citées ici nous seront utiles pour la suite de cet exposé.

IV-1-2 Analyse de la stabilité linéaire et régimes de fonctionnement du laser

Pour étudier la stabilité linéaire [84], on perturbe le système aux alentours des points stationnaires :

$$F_a = \hat{F}_a + \delta F_a \qquad n_a = \hat{n}_a + \delta n_a \qquad n_s = \hat{n}_s + \delta n_s,$$

et on linéarise ensuite nos équations en négligeant les termes d'ordres supérieurs. On obtient ainsi un système d'équations dont la forme matricielle se présente sous la forme :

$$\frac{d}{dt}\begin{pmatrix} \delta F_a \\ \delta n_a \\ \delta n_s \end{pmatrix} = M \times \begin{pmatrix} \delta F_a \\ \delta n_a \\ \delta n_s \end{pmatrix} \qquad (4.13)$$

Avec :

$$M = \begin{pmatrix} 0 & \dfrac{\hat{F}_a \alpha_a}{t_r} & -\alpha_s \dfrac{\hat{F}_a}{t_r} \\ -\beta_a \hat{n}_a & -(\beta_p + A_{21} + \beta_a \hat{F}_a) & 0 \\ -\beta_s \hat{n}_s & 0 & -(A_{s21} + \beta_s \hat{F}_a) \end{pmatrix}$$

La solution du système d'équations (4.13) est une combinaison linéaire de termes $\exp(\lambda_n t)$ où λ_n sont les valeurs propres de la matrice M.

Les valeurs propres de M sont calculées à partir de l'équation caractéristique

$$\det(L - \lambda I) = 0 \qquad (4.14)$$

Où I est la matrice identité.

Les valeurs propres λ_n de l'équation caractéristique nous renseignent sur le comportement des états stationnaires à travers la perturbation qu'on leur a induite.

Si les valeurs propres de l'équation caractéristique sont négatives et réelles, alors les états stationnaires perturbés sont stables, indiquant que le laser fonctionne en régime continu.

Si les valeurs propres de l'équation caractéristique sont complexes et leurs parties réelles sont négatives, alors les valeurs perturbées vont effectuer des oscillations avant de décroître vers leurs valeurs stationnaires, indiquant que le laser fonctionne en continu en passant par un régime de relaxation. Si une des valeurs propres de l'équation caractéristique admet une partie réelle positive alors les états stationnaires perturbés sont instables, indiquant ainsi un fonctionnement du laser en régime impulsionel.

A partir de l'équation (4-14) on obtient un polynôme du 3ème degré en λ que l'on peut écrire sous la forme condensée suivante :

$$a_2 \lambda^3 + b_2 \lambda^2 + c_2 \lambda + d_2 = 0 \qquad (4.15)$$

$$a_2 = 1$$

$$b_2 = \beta_p + A_{21} + \beta_a \hat{F}_a + A_{s21} + \beta_s \hat{F}_a$$

$$c_2 = \left(\beta_p + A_{21} + \beta_a \hat{F}_a\right)\left(A_{s21} + \beta_s \hat{F}_a\right) + \frac{\hat{F}_a \alpha_a \beta_a \hat{n}_a}{t_r} - \frac{\alpha_s \hat{F}_a \beta_s \hat{n}_s}{t_r}$$

$$d_2 = \frac{\hat{F}_a \alpha_a}{t_r} \beta_a \hat{n}_a \left(A_{s21} + \beta_s \hat{F}_a\right) - \frac{\hat{F}_a \alpha_s \beta_s \hat{n}_s}{t_r}\left(\beta_p + A_{21} + \beta_a \hat{F}_a\right)$$

IV-1-2-1 régimes de fonctionnement du laser proposé pour une cavité laser sans absorbant saturable en fonction de la puissance pompe

En premier lieu on va intéresser aux parties réelles des valeurs propres pour l'architecture avancé du laser entièrement fibré sans absorbant saturable. La figure (4.4.a) indique l'évolution de la partie réelle des trois valeurs propres en fonction de la puissance pompe et la figure (4.4.b) illustre l'évolution de leur partie imaginaire.

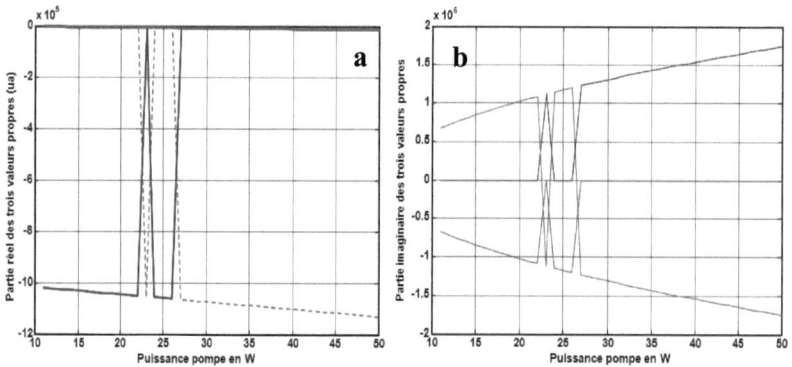

Figure (4.4) : Evolution des trois valeurs propres en fonction de la puissance pompe :
a) Partie réelle, b) Partie imaginaire pour une cavité laser sans absorbant saturable

La figure (4.4) montre que pour des puissances de pompe supérieures à la puissance de pompe seuil, les trois valeurs propres sont toujours négatives mais au moins deux d'entre elles présentent une partie imaginaire non nulle. Puisque toutes les valeurs propres sont négatives, l'inversion de population et la densité de photons vont ainsi décroitre vers leurs états stationnaires en passant par un régime de relaxation (partie imaginaire des valeurs propres non nulle) comme illustré sur la figure (4.5).

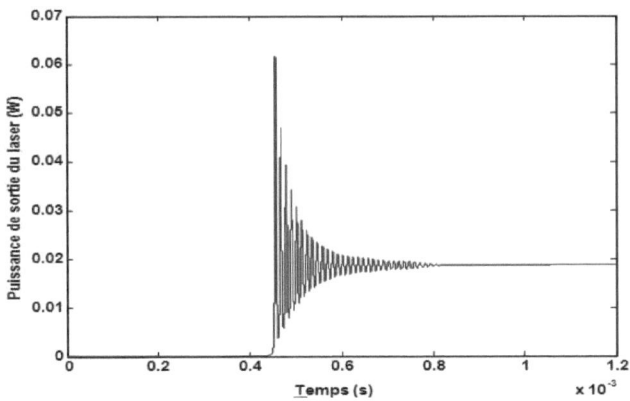

Figure (4.5) : Evolution de la puissance de sortie du laser en fonction du temps pour une cavité laser sans absorbant saturable et une puissance pompe de 16 W

La figure (4.5) obtenue avec une puissance de pompe de 16 W illustre la variation de la puissance de sortie du laser en fonction du temps. Après un régime de relaxation, on observe un fonctionnement du laser en continu avec une puissance de sortie d'environ 18.7 mW. Notant que la puissance pompe seuil du laser sans absorbant obtenue à partir des simulations est d'environ 11 W, légèrement supérieure à celle obtenue auparavant de manière semi-analytique (de l'ordre de 10.4 W).

IV-1-2-2 régimes de fonctionnement du laser proposé pour une cavité laser avec absorbant saturable en fonction de la puissance pompe

Après avoir montré que le laser sans absorbant saturable fonctionne toujours en continu en passant par un régime de relaxation pour des puissances pompes supérieur au seuil laser, on s'intéressera maintenant aux différents régimes de fonctionnement de l'architecture avancée du laser avec absorbant saturable. Les figures (4.6.a) et (4.6.b) caractérisent respectivement l'évolution de la partie réelle et imaginaire des trois valeurs propres en fonction de la puissance pompe. Les deux courbes sont obtenues pour une longueur de la fibre dopée Cr^{4+} de 0.2m et une concentration de $1.8 \, 10^{24}$ ions/m^3 et une longueur de la fibre dopée Nd^{3+} de 1.5m et une concentration de $1.4 \, 10^{25}$ ions/m^3.

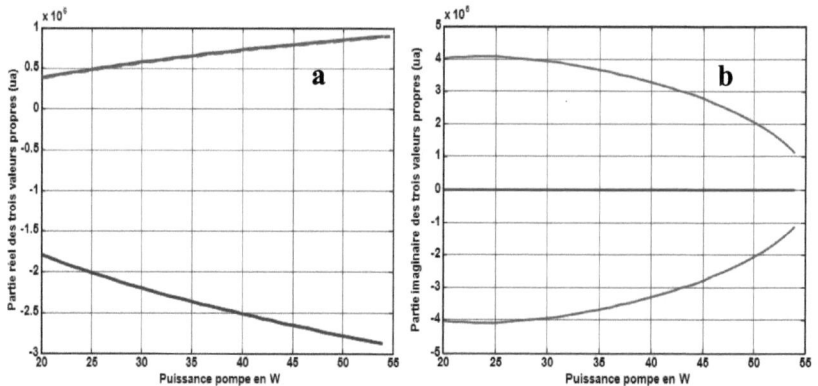

*Figure (4.6) : Evolution des trois valeurs propres en fonction de la puissance pompe :
a) Partie réelle, b) Partie imaginaire pour une cavité laser avec absorbant saturable*

A partir de ces figures, on voit que pour une puissance pompe comprise entre la puissance pompe seuil qui est de 20.5 W et 55 W (approximativement les puissances pompe maximales que peuvent délivrer les diodes laser du dispositif de pompage), le polynôme de l'équation (4-15) admet trois racines dont une est toujours réelle et négative et les deux autres sont complexes conjuguées. Le signe de la partie réelle des deux racines complexes est positive engendrant un fonctionnement laser en régime impulsionnel sur cette plage de pompage comme illustré sur la figure (4.7).

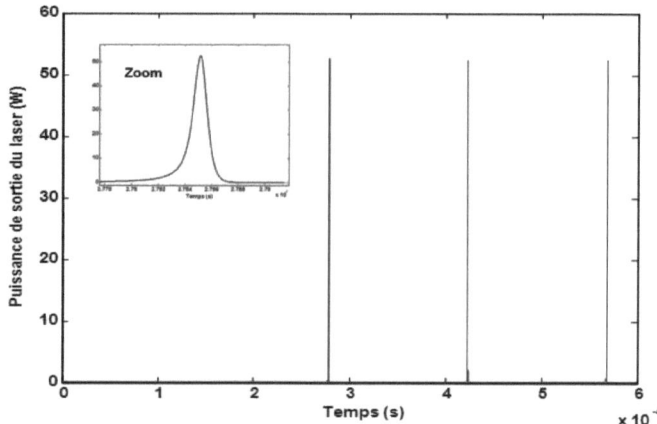

Figure (4.7) : Evolution de la puissance de sortie du laser en fonction du temps pour une cavité laser avec absorbant saturable et une puissance pompe de 35 W

La figure (4.7) obtenue avec une puissance de pompe de 35 W illustre la variation de la puissance de sortie du laser en fonction du temps. On remarque que le laser fonctionne en régime impulsionnel et délivre une puissance crête de sortie d'environ 52.6 W. Notant là aussi que la puissance pompe seuil P_{th2} du laser avec absorbant saturable obtenue à l'aide des simulations est d'environ 20.5 W, légèrement supérieure à celle obtenue auparavant de manière semi-analytique. P_{th1} est de l'ordre de 17.45 W, grandeur à laquelle on s'y attendait et expliquée précédemment.

IV-1-2-3 régimes de fonctionnement avec d'autres paramètres du laser proposé pour une cavité laser avec absorbant saturable en fonction de la puissance pompe

Avec les paramètres de simulation de cette architecture avancée du laser, seul le régime impulsionnel comme mode de fonctionnement du laser est obtenu. Pour avoir d'autre régimes de fonctionnement (régime sinusoïdal ou régime continu), des puissances pompe très élevées (supérieures à 5700 W) sont nécessaires. Il est important de souligner qu'en utilisant d'autres paramètres analogues à ceux décrits dans la référence [97], la possibilité d'avoir ces différents régimes de fonctionnement même avec des puissances pompe moins élevées pour la même architecture laser est réalisable. La figure (4.8) montre l'évolution de la partie réelle des trois valeurs propres en fonction de la puissance pompe. Plusieurs lectures peuvent-être déduites de cette figure:

- Pour des puissances pompe inférieures à la puissance critique de 76.5 W deux des valeurs propres sont positives indiquant un fonctionnement en régime impulsionnel du laser.
- Pour une puissance pompe égale à 76.5 W, deux des valeurs propres sont nulles signature d'un régime sinusoïdal au voisinage de cette puissance pompe.
- Pour des puissances pompe supérieures à 76.5 W, toutes les valeurs propres sont négatives. Le laser fonctionnera alors en régime continu.

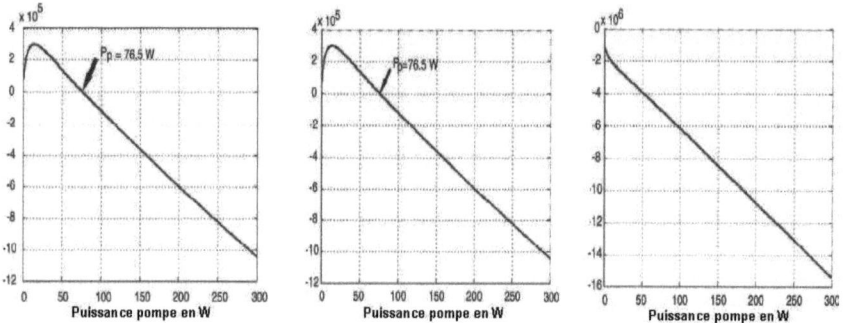

Figure (4.8) : Evolution des trois valeurs propres en fonction de la puissance pompe

La figure (4.9) obtenue pour une puissance pompe de 3W confirme le régime impulsionnel tel que prédit par l'étude de la stabilité linéaire.

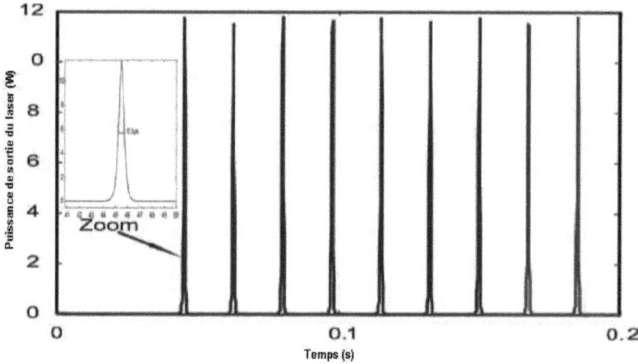

Figure (4.9) : Régime impulsionnel du laser obtenu avec une puissance pompe de 3 W.

La figure (4.10) illustre le régime sinusoïdal qu'on obtient avec une puissance pompe de 80 W. On remarque que la puissance de sortie du laser passe par un régime de relaxation pour se stabiliser dans un régime sinusoïdal. La même observation est réalisée pour les ions actives, l'absorbant saturable Cr^{4+} et l'inversion de population des ions Nd^{3+}.

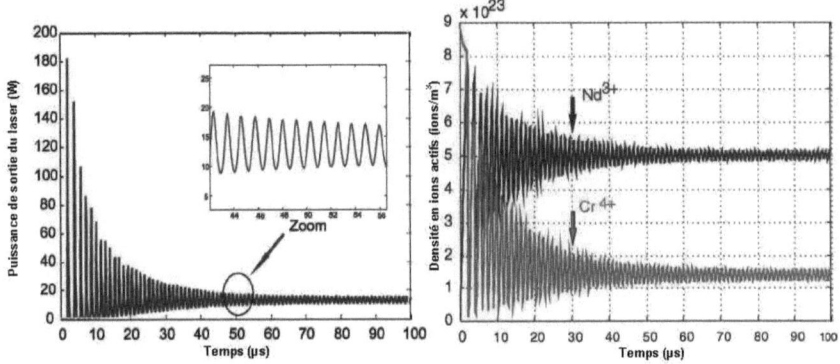

Figure (4.10) : Régime sinusoïdal du laser obtenu avec une puissance pompe de 80 W.

La figure (4.11) détecte le régime continu obtenu avec une puissance pompe de 180 W. La puissance de sortie du laser passe par un régime de relaxation pour se stabiliser dans un régime continu. La même observation est réalisée pour les ions actives, l'absorbant saturable Cr^{4+} et l'inversion de population des ions Nd^{3+}.

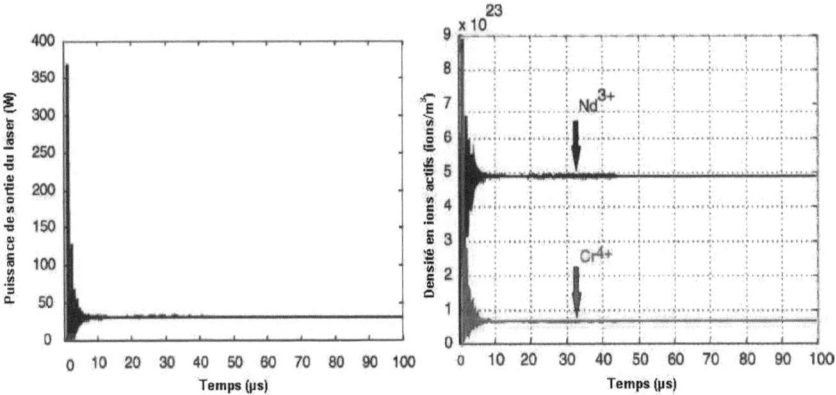

Figure (4.11) : Régime continu obtenu avec une puissance pompe de 180 W.

IV-1-2-4 influence de la concentration en ions absorbant saturable sur l'obtention du régime de faible et de forte amplitude

Après avoir étudié l'influence de la puissance pompe sur les différents régimes de fonctionnement du laser, on se focalise maintenant sur l'influence de la concentration des ions absorbant saturable Cr^{4+} sur la puissance crête des impulsions laser. L'étude de la stabilité linéaire est la même que celle abordée précédemment, à l'exception que dans le cas présent au lieu de suivre l'évolution des valeurs propres en fonction de la puissance pompe, nous analyserons leur évolution en fonction de la concentration en ions absorbant saturable Cr^{4+} pour une concentration en ions amplificateur Nd^{3+} donnée et une puissance pompe supérieure à la puissance pompe seuil.

La figure (4.12.a) et (4.12.b) traduit l'évolution de la partie réelle d'une des valeurs propres en fonction de la concentration en ions absorbant saturable pour une concentration de la fibre amplificatrice en ions Nd^{3+} de 1.4 10^{25} ions/m^3 (700 ppm) et de 2 10^{25} ions/m^3 (1000ppm) respectivement et une puissance pompe de 45W. La partie réelle de la valeur propre est positive dans une plage comprise entre environ 0 et la zone du point critique de 5.78 10^{24} ions/m^3 (figure (4.12.a)). Elle est comprise entre environ 0 et la zone du point critique de 9.97 10^{24} ions/m^3 (figure (4.12.b)). Au de-là de la zone du point critique, on observe un comportement inhabituel des valeurs propres dû au fait que pour une concentration en ions Cr^{4+} supérieure à celle du point critique la densité de photon stationnaire $\hat{F}_a$ de l'équation (4.9) devient négative n'induisant aucune signification physique au phénomène observé. A cet effet, dans la procédure de simulation, les calculs numériques des valeurs propres au point de la zone du point critique étaient stoppés dès que $\hat{F}_a$ devenait négative.

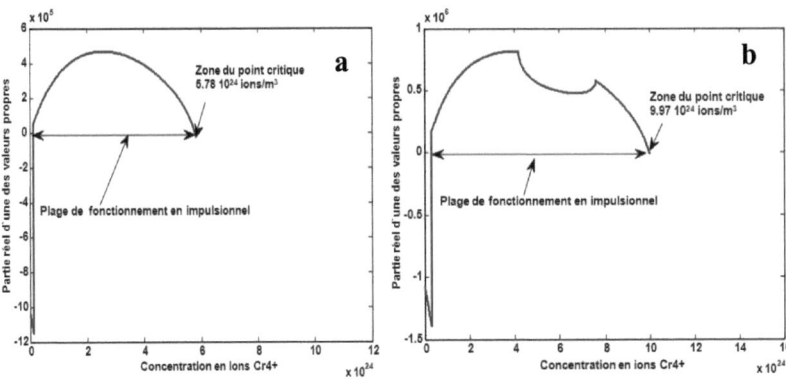

Figure (4.12) : Evolution d'une des trois valeurs propres en fonction de la concentration en ions absorbant saturable Cr^{4+} : a) Pour une concentration en ions Nd^{3+} de $1.4\ 10^{25}$ ions /m^3 ; b) Pour une concentration en ions Nd^{3+} de $2\ 10^{25}$ ions /m^3.

Puisque la valeur propre est positive à l'intérieur du domaine régissant la concentration en ions Cr^{4+}, le laser fonctionnera alors en impulsionnel. Au-delà de la zone du point critique c'est-à-dire au-delà de $5.78\ 10^{24}$ ions/m^3 (figure (4.12.a)) et $9.97\ 10^{24}$ ions/m^3 figure ((4.12.b)), le laser cessera subitement de fonctionner car la densité de photon stationnaire $\hat{F}_a$ devient négative. En effet, le phénomène observé grace l'outil de la simulation est similaire à ce que prédit l'étude de la stabilité linéaire. Cependant une légère différence dans la valeur du point critique (inferieure à 10%) est observée. Dans nos simulations le laser cesse de fonctionner pour une concentration en ions Cr^{4+} supérieure à $5.28\ 10^{24}$ ions/m^3 quand on utilise une concentration en ions amplificateur Nd^{3+} de $1.4\ 10^{25}$ ions/m^3, et elle est de $9.37\ 10^{24}$ ions/m^3 quand on utilise une concentration en ions amplificateur Nd^{3+} de $2\ 10^{25}$ ions/m^3.

Dans cette plage de fonctionnement en impulsionnel, on peut déduire des résultats de simulation que la puissance crête des impulsions croit avec l'augmentation de la concentration en ions absorbant saturable Cr^{4+} jusqu'à une concentration critique pour lequel le laser passe subitement d'un fonctionnement impulsionnel a un non fonctionnement. Ainsi, comme illustré sur les figures (4.13) et (4.14) on peut regrouper le fonctionnement en impulsionnel du laser en deux catégories : un fonctionnement auto-impulsionnel de forte amplitude proche de la zone du point critique et un fonctionnement auto-impulsionnel de faible amplitude loin de la zone du point critique.

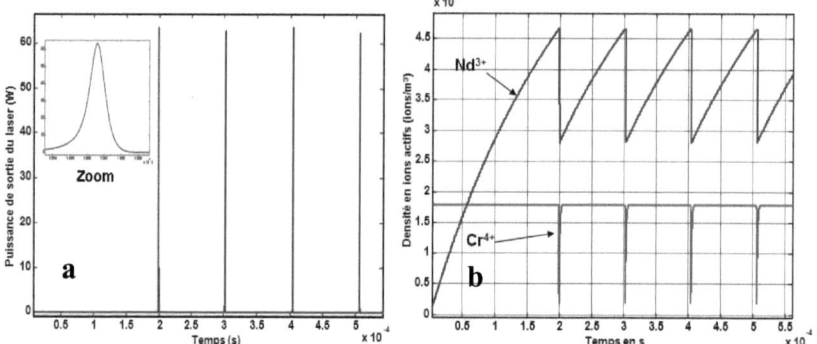

Figure (4.13) : Régime auto-impulsionnel de faible amplitudes obtenus loin de la zone du point critique avec une concentration en ions absorbant saturable Cr^{4+} de $1.8\ 10^{24}$ ions /m^3 et une concentration Nd^{3+} de $1.4\ 10^{25}$ ions/m^3 a) Puissance de sortie du laser en fonction du temps, b) Densité en ions actifs en fonction du temps, inversion de population Nd^{3+} et absorbant saturable Cr^{4+}.

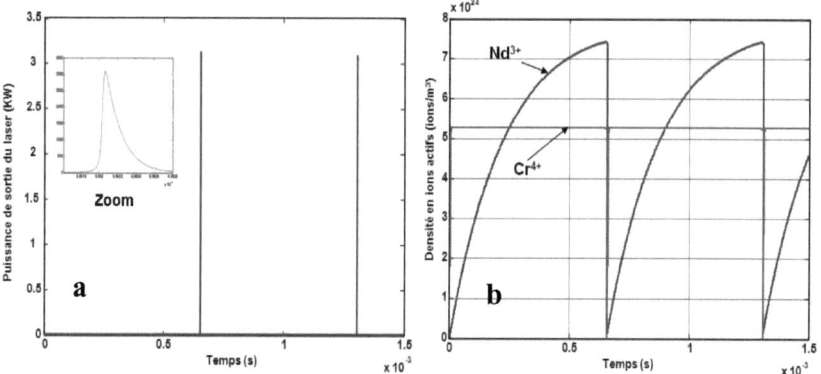

Figure (4.14) : Régime auto-impulsionnel de forte amplitudes obtenus proche de la zone du point critique à une concentration en ions absorbant saturable Cr^{4+} de $5.28\ 10^{24}$ ions /m^3 et une concentration Nd^{3+} de $1.4\ 10^{25}$ ions /m^3 : a) Puissance de sortie du laser en fonction du temps, b) Densité en ions actifs en fonction du temps, inversion de population Nd^{3+} et absorbant saturable Cr^{4+}.

Les deux figures (4.13) et (4.14) caractérisent le régime auto-impulsionnel de faible et de forte amplitude. Ces deux régimes sont obtenus avec les mêmes paramètres (mêmes pertes non utiles), la même puissance pompe (45 W), la même concentration en ions Nd^{3+} (1.4 10^{25} ions/m^3), les même longueurs des fibres dopées Nd^{3+} et Cr^{4+} (respectivement 1.5m et 0.2m). Seule la concentration de la fibre absorbant saturable dopée Cr^{4+} est considérée comme variable (1.8 10^{24} ions/m^3 pour le régime faible amplitude) et (5.28 10^{24} ions/m^3 pour le régime forte amplitude). Le comportement auto-impulsionnel de faible amplitude apparaît aisément pour des concentrations inférieures à la concentration du point critique (figure (4.13)). Comme l'inversion de population du milieu amplificateur Nd^{3+} se produit seulement en présence de petites amplitudes, chaque impulsion laser extrait seulement une petite quantité d'énergie, la puissance crête de sortie du laser n'est alors que d'environ 60W et la largeur à mi-hauteur de l'impulsion est de 0.1 µs. Par contre, lorsque la densité des ions absorbants saturables Cr^{4+} augmente, des impulsions géantes (largeurs à mi-hauteur de l'ordre de quelques nanosecondes) apparaissent. Dans cette configuration, chaque impulsion laser extrait toute l'énergie emmagasinée dans le gain du milieu amplificateur amenant ainsi l'inversion de population à zéro (figure (4.14)), la puissance crête des impulsions obtenues atteint environ 3KW. Le système doit alors disposer d'un certain temps afin de ramener l'inversion de population à son niveau précédent et délivrer ainsi une autre impulsion, raison pour laquelle la fréquence de répétition des impulsions du régime de forte amplitude 1.5 KHz demeure inferieure à la fréquence de répétition des impulsions du régime de faible amplitude (9.774 KHz). Ces résultats obtenus avec l'augmentation de la concentration des ions absorbant saturable Cr^{4+} sont similaires aux résultats obtenus dans la référence [98]. Dans ces travaux, les auteurs obtiennent le régime de forte amplitude en augmentant le rapport de la section efficace des ions samarium (absorbant saturable) à ceux des ions erbium (milieu amplificateur).

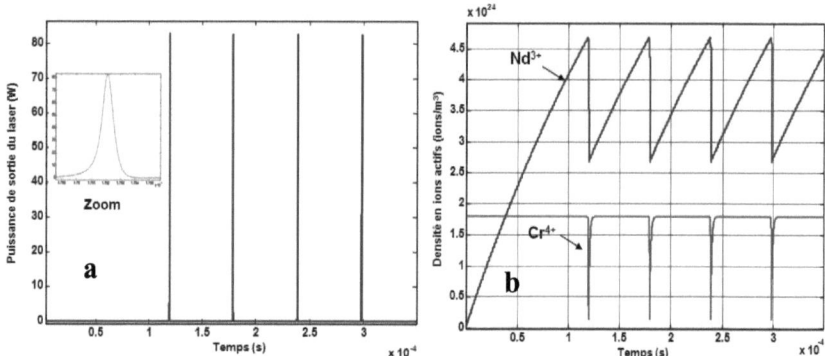

Figure (4.15) : Régime auto-impulsionnel de faible amplitudes obtenus loin de la zone du point critique avec une concentration en ions absorbant saturable Cr^{4+} de $1.8\ 10^{24}$ ions /m^3 et une concentration Nd^{3+} de $2\ 10^{25}$ ions /m^3 : a) Puissance de sortie du laser en fonction du temps, b) Densité en ions actifs en fonction du temps, inversion de population Nd^{3+} et absorbant saturable Cr^{4+}.

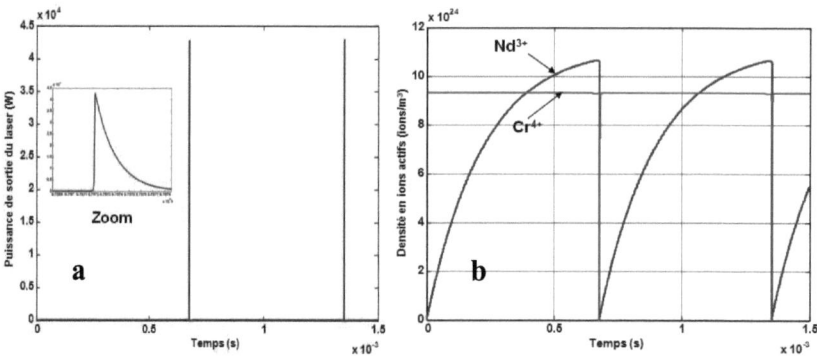

Figure (4.16) : Régime auto-impulsionnel de forte amplitudes obtenus proche de la zone du point critique à une concentration en ions absorbant saturable Cr^{4+} de $9.3\ 10^{24}$ ions /m^3 et une concentration Nd^{3+} de $2\ 10^{25}$ ions /m^3 : a) Puissance de sortie du laser en fonction du temps, b) Densité en ions actifs en fonction du temps, inversion de population Nd^{3+} et absorbant saturable Cr^{4+}.

Les figures (4.15) et (4.16) sont obtenus avec les mêmes paramètres que ceux utilisés pour obtenir les deux régimes de forte et de faible amplitude décrits dans les figures (4.13) et (4.14). Seule une nouvelle valeur de la concentration du milieu amplificateur Nd^{3+} qui est maintenant de $2\ 10^{25}$ ions/m^3 est introduite dans les simulations. La figure (4.15) représente le régime de faible amplitude obtenue avec une concentration en ions Cr^{4+} de $1.8\ 10^{24}$ ions/m^3 suffisamment loin de la zone du point critique (figure (4.12.b)), la puissance crête des impulsions est ≈ 80 W, un peu plus grande que celle du régime de faible amplitude 60 W de la figure (4.13). La figure (4.16) représente le régime de forte amplitude obtenue avec une concentration en ions Cr^{4+} de $9.3\ 10^{24}$ ions/m^3 qui est proche de la zone du point critique (figure (4.12.b)), la puissance crête des impulsions est ≈ 42.5 KW, beaucoup plus grande que celle du régime de forte amplitude 3 KW de la figure (4.13). Comme conséquence, nous remarquons que le laser est beaucoup plus optimisé avec une concentration de $2\ 10^{25}$ ions/m^3 qu'avec une concentration de $1.4\ 10^{25}$ ions/m^3. Ainsi nous pouvons conclure de ces investigations que pour une concentration donnée en ions amplificateurs, il existe une concentration en ions absorbant saturable pour laquelle la puissance crête des impulsions est optimisée. Cette concentration doit être proche de la zone du point critique, par opposition à la concentration en ions amplificateurs qui doit-être la plus grande possible.

IV-2 Dynamique des régimes de faible et de forte amplitude

Après avoir observé deux régimes de fonctionnement pour le laser, un régime de faible amplitude (concentration en ions absorbant saturable inferieure à la concentration de la zone du point critique) et un régime de forte amplitude (obtenu au voisinage de la zone du point critique), notre intérêt d'étude se focalisera à présent sur la dynamique des deux régimes. A cet effet, on s'intéressera à l'influence de la puissance pompe sur la puissance crête, la largeur à mi-hauteur des impulsions ainsi que leur fréquence de répétition et enfin à la puissance moyenne de sortie du laser dans les deux régimes.

IV-2-1 Influence de la concentration des ions amplificateurs Nd^{3+} et absorbant saturable Cr^{4+} sur la puissance crête des impulsions laser

La figure (4.17) illustre la variation de la puissance crête des impulsions laser en fonction de la concentration en ions Cr^{4+}, et ceci pour différentes concentration en ions amplificateurs Nd^{3+}. elle est obtenue pour une longueur de fibre dopée Nd^{3+} (1.5m) et Cr^{4+} (0.2 m) en tenant compte des mêmes pertes non utiles. La lecture de la figure fait ressortir que pour chaque densité en ions amplificateur Nd^{3+}, il existe une concentration critique en ions absorbant saturable pour laquelle le laser cesse de fonctionner. Cette concentration caractérise la concentration de la zone du point critique établie précédemment dans l'étude de la stabilité

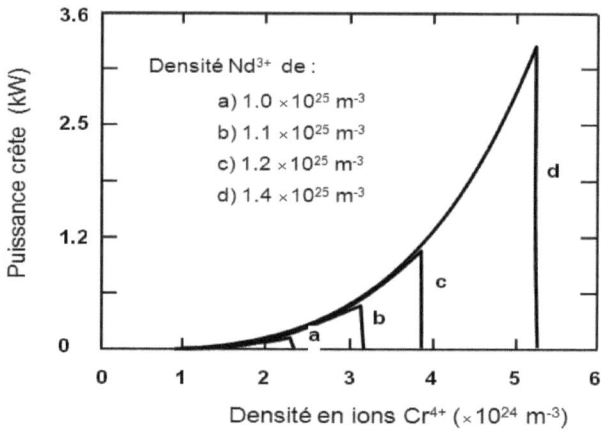

Figure (4.17) : Variation de la puissance crête des impulsions en fonction de la concentration en ions absorbant saturable Cr^{4+} pour différentes valeurs de concentration d'ions amplificateur Nd^{3+}, obtenus avec une puissance pompe de 45 W.

linéaire. Pour une concentration en ions Cr^{4+} supérieure à la concentration critique le laser cesse de fonctionner parce que il n'y a pas assez d'ions amplificateurs Nd^{3+} pouvant produire une émission spontanée amplifiée qui soit capable de blanchir l'absorbant saturable permettant ainsi le fonctionnement du laser. En outre, une autre lecture de la figure indique que plus la concentration en ions amplificateurs est grande, plus la concentration de la zone du point critique et la puissance crête des impulsions est grande. Ceci montre que la construction d'un laser de puissance nécessite un milieu amplificateur de grande densité et une concentration en ions absorbant saturable proche de la zone du point critique, mais sans jamais la dépasser ni être très inférieure à cette concentration critique. En effet, avoir une grande densité en ions amplificateurs veut dire avoir un grand réservoir d'énergie car l'émission laser provient de l'inversion de population du milieu amplificateur. C'est la raison pour laquelle les expérimentateurs préfèrent fabriquer des lasers à fibres dopées Yb pour pouvoir atteindre des concentrations élevées afin d'éviter des problèmes de quenching.

IV-2-2 Influence de la concentration des ions absorbant saturable Cr^{4+} sur la largeur à mi-hauteur des impulsions laser

La figure (4.18) obtenue avec une concentration en ions Nd^{3+} de 1.4 10^{25} ions/m^3 et une puissance pompe de 45 W caractérise la variation de la largeur à mi-hauteur des impulsions laser en fonction de la concentration en ions absorbant saturable Cr^{4+}.

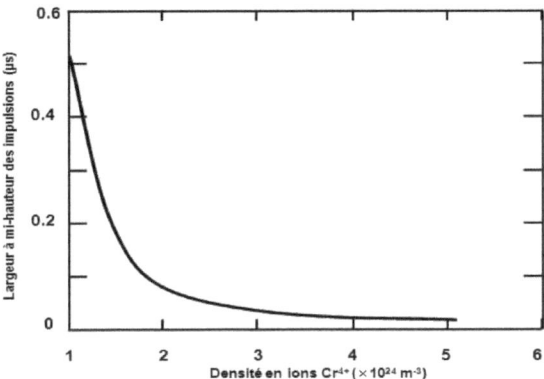

Figure (4.18) : Variation de la largeur à mi-hauteur des impulsions en fonction de la concentration en ions absorbant saturable Cr^{4+}, obtenu pour une concentration d'ions amplificateur Nd^{3+} de 1.4 10^{25} ions/m^3 et une puissance pompe de 45 W.

La largeur à mi-hauteur des impulsions diminue fortement de 0.52 µs à 0.08 µs quand la concentration en ions Cr^{4+} croit de 1 10^{24} ions/m^3 à 2 10^{24} ions/m^3 et au-delà de cette concentration, une diminution lente est enregistrée pour atteindre 16.5 ns à une concentration de 0.52 10^{24} ions/m^3. Au delà de cette valeur de concentration le laser cesse de fonctionner (c'est la concentration du point critique). L'optimisation du laser est ainsi réalisée pour une concentration proche de la concentration critique.

IV-2-3 Influence de la puissance pompe sur les caractéristiques des impulsions laser obtenue pour les régimes de faible et de forte amplitude

La figure (4.19) illustre la variation de la largeur à mi-hauteur des impulsions et de leur fréquence de répétition en fonction de la puissance pompe pour le régime de forte amplitude. Par contre, la figure (4.20) traduit la même illustration pour un régime de faible amplitude. Ces deux investigations sont réalisées avec différentes concentrations en ions Cr^{4+} (1.8 10^{24} ions/m^3 pour le régime faible amplitude) et (5.2 10^{24} ions/m^3 pour le régime forte amplitude). Les autres paramètres sont similaires à ceux décrivant les figures (4.13) et (4.14).

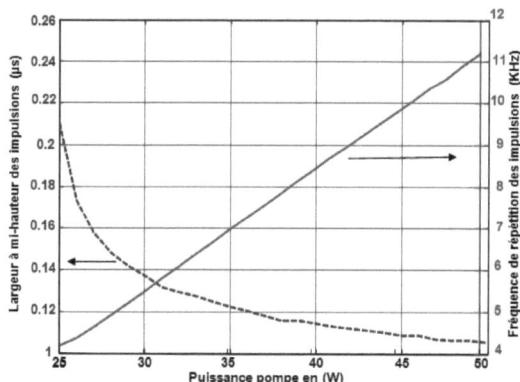

Figure (4.19) : Variation de la largeur à mi-hauteur des impulsions et de leurs fréquences de répétitions en fonction de la puissance pompe, pour le régime de faible amplitude.

Sur la figure (4.19) caractérisant le régime de faible amplitude la largeur à mi-hauteur des impulsions diminue fortement de 0.21µs à environ 0.14 µs pour des puissances pompe variant de 25 W à 30 W. Au delà de 30 W, une diminution lente atteignant 0.105 µs pour une puissance pompe de 50 W est observée. Par contre, la fréquence de répétition des impulsions augmente linéairement en fonction de la puissance pompe (d'environ 4 KHz à 11 KHz pour des puissances pompes allant de 25 W à 50 W).

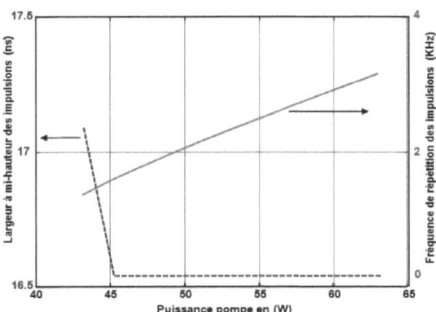

Figure (4.20) : Variation de la largeur à mi-hauteur des impulsions et de leurs fréquences de répétitions en fonction de la puissance pompe, pour le régime de forte amplitude.

En effet, l'augmentation de la puissance pompe engendre une augmentation rapide de l'inversion de population ce qui a pour conséquence une augmentation rapide de la densité de photons à l'intérieur de la cavité laser induisant alors une saturation rapide de l'absorbant saturable et ainsi une augmentation de la fréquence de répétition des impulsions. De plus, l'augmentation de la densité de photons à l'intérieur de la cavité laser désexcite plus rapidement l'inversion de population du milieu amplificateur par émission stimulée diminuant ainsi la largeur à mi-hauteur des impulsions laser, et induisant une augmentation de la puissance crête des impulsions laser.

Pour le régime de forte amplitude, l'illustration est décrite par la figure (4.20). On remarque que la largeur à mi-hauteur des impulsions diminue brutalement (de 17.1 ns jusqu'à environ 16.5 ns pour des puissances pompe allant de 43 W à 45 W). Au-delà de 45 W, cette largeur demeure sensiblement constante tandis que la fréquence de répétition des impulsions augmente linéairement avec la puissance pompe (d'environ 1.35 KHz jusqu'à 3.15 KHz pour une puissance pompe comprise entre 43 W et 63 W).

Les variations de la puissance crête des impulsions laser en fonction de la puissance pompe sont décrites par la figure (4.21.a) (faible amplitude) et la figure (4.21.b) (forte amplitude). Pour le régime de faible amplitude la puissance crête des impulsions augmente avec l'augmentation de la puissance pompe (de 22 W à 60 W pour une puissance pompe comprise entre 25 W à 50W) tandis que dans le régime de forte amplitude la puissance crête augmente brusquement (de 0 W à 3 KW quand la puissance pompe augmente de 43 W à 45 W). Au delà de 45 W, cette puissance crête demeure sensiblement constante ≈ 3.1 KW.

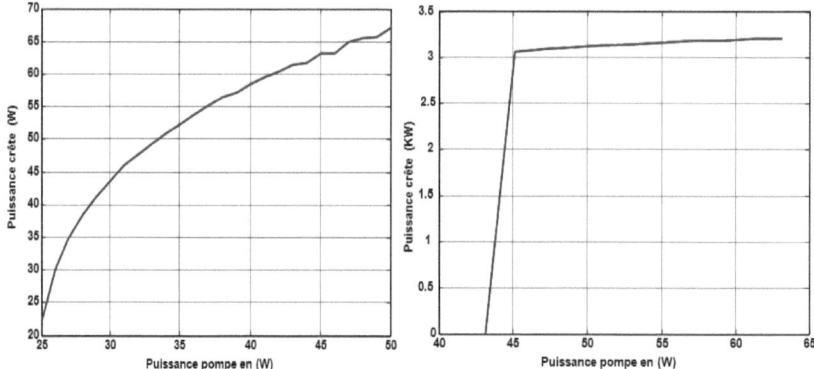

*Figure (4.21) : Variation de la puissance crêtes des impulsions en fonction de la puissance pompe :
a) régime de faible amplitude, b) régime de forte amplitude.*

L'interprétation de ces résultats montre que dans le régime de forte amplitude l'inversion de population atteint son maximum à partir d'une puissance pompe de 45 W, et qu'un pompage supplémentaire ne peut pas aller au delà de son maximum, et puisque l'inversion de population retourne à zéro comme le montre la figure (4.14), alors l'énergie extraite par l'impulsion laser de l'inversion de population sera toujours la même et ainsi la même puissance crête et la même largeur à mi-hauteur des impulsions laser sont alors conservées. Par contre quand la puissance pompe dans le régime de forte amplitude est augmentée, plus d'énergie est alors fournie au laser, et puisque dans ce régime le laser est optimisé (énergie fournie en plus n'induit pas une augmentation de la puissance crête des impulsions laser mais engendre une augmentation de la fréquence de répétition des impulsions laser.

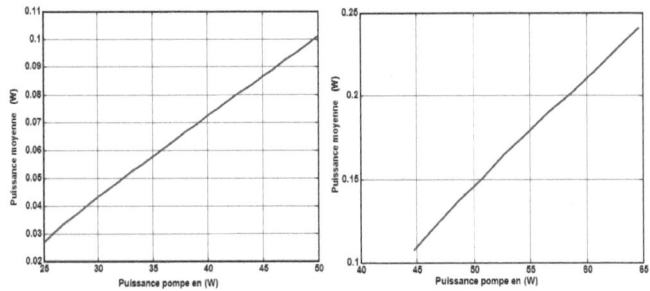

Figure (4.22) : Variation de la puissance moyenne de sortie du laser en fonction de la puissance pompe : a) Régime de faible amplitude, b) Régime de forte amplitude.

Dans le cas présent nous décrivons la variation de la puissance moyenne de sortie du laser en fonction de la puissance pompe pour le régime de faible amplitude (figure (4.22.a)) et de forte amplitude (figure (4.22.b)). La puissance moyenne varie linéairement en fonction de la puissance de pompe dans les deux régimes à l'exception d'une meilleure efficacité observée dans le régime de forte amplitude comparativement au régime de faible amplitude.

IV-3 Équation analytique permettant l'optimisation du fonctionnement impulsionnel du laser

Nous avons montré précédemment l'existence de deux régimes de fonctionnement: *(i)* un régime de faible amplitude décrit par une concentration en ions Cr^{4+} très inferieure à la concentration de la zone du point critique. *(ii)* un régime de forte amplitude observé au voisinage de la concentration critique (le laser est optimisé en termes de puissance crête et de largeur à mi-hauteur des impulsions). Nous avons aussi montré la possibilité d'obtenir cette concentration critique par l'étude de la stabilité linéaire, lorsque les parties réelles des valeurs propres en fonction de la densité en ions Cr^{4+} deviennent nulles pour une seconde fois (comme explicitée sur la figure (4.12)). De plus, nous avons remarqué que les valeurs propres avaient un comportement inhabituel pour des concentrations en ions Cr^{4+} supérieures à la concentrations du point critique en raison de la valeur négative que prend la densité de photon stationnaire $\hat{F}_a$ de l'équation (4.9) au-delà de ce point critique (comme illustrée sur la figure (4.23)).

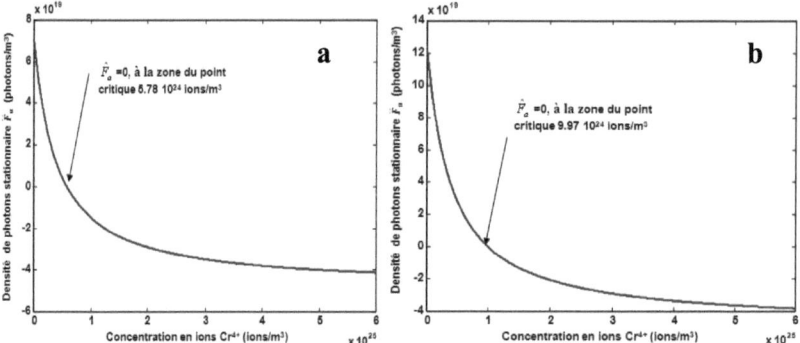

Figure (4.23) : Variation de la densité de photons stationnaire $\hat{F}_a$ en fonction de la concentration en ions absorbant saturable Cr^{4+} :a) Obtenu pour une concentration d'ions amplificateur Nd^{3+} de 1.4 10^{25} ions/m^3, b) Obtenu pour une concentration d'ions amplificateur Nd^{3+} de 2 10^{25} ions/m^3 et une puissance pompe de 45 W.

L'évolution de la densité de photon stationnaire $\hat{F}_a$ en fonction de la concentration en ions Cr^{4+} est illustrée sur les figures (4.23.a) et (4.23.b). Elles sont obtenues avec des paramètres analogues à ceux utilisés pour obtenir les figures (4.12.a.b) et de la variation des valeurs propres en fonction de la concentration en ions Cr^{4+}. Ces deux figures permettent alors de déterminer aisément la concentration critique en ions Cr^{4+} caractérisant le point où la densité de photons stationnaire $\hat{F}_a$ est nulle. Par conséquent, le calcul et la connaissance des valeurs propres de l'équation caractéristique (4.14) et (4.15) ne sont pas nécessaires. En effet, ceci nous permettra d'avoir une équation analytique permettant de déterminer la concentration du point critique. Cette équation est obtenue en résolvant l'équation du deuxième degré de l'équation (4.9). Cette équation admet deux solutions dont une est toujours négative tandis que la seconde devient nulle sous cette condition. Ainsi, on postule que :

$$\{\alpha_a \beta_p N A_{s21} - \alpha_s A_{s21} N_s (\beta_p + A_{21}) + A_{s21}(L\beta_p + LA_{21})\} = 0$$

Après calculs on obtient l'équation décrivant la concentration critique en ions absorbant saturable (N_{sc}) pour une concentration en ions amplificateur Nd^{3+} donnée (N_d) :

$$N_d = \frac{\alpha_s}{\alpha_a}\left(1 + \frac{A_{21}}{\beta_p}\right) N_{sc} - \frac{L}{\alpha_a}\left(1 + \frac{A_{21}}{\beta_p}\right) \quad (4.16)$$

$$\beta_p = \frac{k\,\sigma_{03}\,P_p}{h\,v_p\,\pi\,a_g^2} \quad \text{et} \quad \frac{\alpha_s}{\alpha_a} = \frac{\sigma_{s13}\,\Gamma_{sa}\,l_s}{\sigma_{21}\,\Gamma_a\,l_a}$$

L'équation décrivant la densité en ion amplificateur Nd^{3+} en fonction de la concentration critique en ions absorbant saturable Cr^{4+} est une droite affine. On remarque sa dépendance au rapport de la section efficace d'absorption des ions absorbant saturable sur la section efficace d'émission des ions amplificateurs, et aussi du rapport de la longueur du milieu absorbant saturable sur celui du milieu amplificateur. De plus, elle dépend aussi des pertes totales non utiles du laser L, du taux de désexcitation A_{21} des ions amplificateurs et de la section efficace d'absorption du milieu amplificateur σ_{03} et de la puissance pompe P_p. Tous ces paramètres sont des paramètres disponibles et mesurables pour un expérimentateur. Si ce dernier veut construire un laser de puissance, il faut, de ce fait, utiliser une concentration en ions amplificateur la plus élevée possible, car comme on l'a expliqué précédemment, une grande densité en ions amplificateurs est équivalente à un grand réservoir d'énergie. En outre, pour déterminer la concentration critique en ions absorbant saturable permettant l'optimisation du fonctionnement du laser, l'utilisation et la mesure de tous les paramètres de l'équation (4.16) sont indispensables. En effet, la concentration en ions absorbants saturables qu'il déterminera à l'aide de cette équation est la concentration critique au delà de laquelle le laser cesse de fonctionner. A titre de précaution, il vaut mieux prendre une concentration inférieure de 10 % à 15 % de cette concentration critique (calculée à l'aide de cette équation) pour assurer le bon fonctionnement du laser.

La variation de la concentration en ions amplificateurs Nd^{3+} en fonction de la concentration critique en ions absorbant saturable Cr^{4+} est illustrée sur la figure (4.24). De plus, cette figure établit une comparaison entre les résultats obtenus par simulation numérique à ceux déduits de l'équation analytique (4.16). Dans les deux cas, on obtient deux droites parallèles (de même pente). L'erreur relative sur les résultats obtenus par l'équation analytique comparativement aux résultats de simulation numérique est inferieure à 10%. En effet, cette équation permet de calculer la concentration critique en ions absorbant saturable pour une concentration en ions amplificateur Nd^{3+} donnée et aussi pour des paramètres de l'équation (4.16) donnés. En d'autres termes, cette équation nous donne la concentration en ions absorbants saturables pour laquelle la puissance crête et la largeur mi-hauteur des impulsions sont optimisées pour tous les paramètres de l'équation. Cependant, l'existence d'un régime de forte amplitude ne peut avoir lieu avec n'importe quelle paramètre de l'équation (4.16), mais demeure liée principalement à une diminution maximale des pertes non utiles L de la cavité laser ainsi qu'à des puissances pompe élevées supérieures au seuil de fonctionnement du laser. L'avantage de cette équation est de permettre un calcul simple de la concentration du point critique n'exigeant pas ainsi un temps de calcul beaucoup plus important. De plus, elle nous évite de résoudre des équations différentielles non linéaires par simulation numérique.

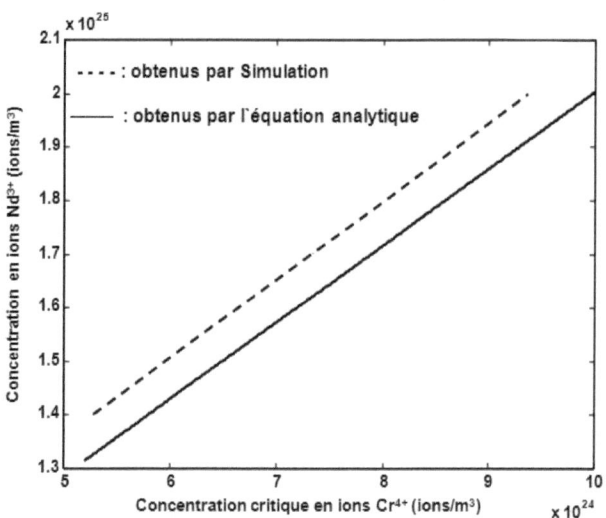

Figure (4.24) : Comparaison des résultats de simulations et de l'équation analytique de la variation de la concentration en ions amplificateurs Nd^{3+} en fonction de la concentration critique en ions absorbant saturable Cr^{4+}.

Conclusion

Dans ce chapitre, nous avons calculé et déterminé la variation de la puissance pompe seuil en fonction de plusieurs paramètres pour l'architecture avancée du laser, et avec l'étude complémentaire de la stabilité linéaire, nous avons montré qu'on peut observer trois régimes de fonctionnement en faisant varier la puissance pompe. Ces trois régimes sont le régime impulsionnel, sinusoïdal et continu. L'étude de la stabilité linéaire nous a montré l'existence de deux régimes de fonctionnement en fonction de la concentration en ions absorbant saturable : *(i)* un régime de faible amplitude obtenu avec une concentration inferieure à la concentration critique pour lequel le laser n'est pas optimisé.

(ii) Un fonctionnement de forte amplitude réalisé au voisinage de la concentration critique pour lequel le laser est optimisé en terme de puissance crête des impulsions et de leur largeur à mi-hauteur. De plus, nous avons étudié la dynamique du laser pour les deux régimes (faible et forte amplitude) où plusieurs courbes ont été présentées telles que la fréquence de répétition des impulsions et leurs largeurs à mi-hauteur ainsi que leurs puissances crête en fonction de la puissance pompe. Nous avons aussi établi une équation analytique nous permettant de déterminer la concentration critique d'une manière simplifiée (ne nécessitant pas beaucoup de temps de calcul). Cette équation reflète un accord quantitatif avec les résultats issus des simulations numériques.

CONCLUSION GENERALE

Ces dernières années beaucoup d'efforts sont déployés dans le développement des lasers à fibres dans le but d'acquérir des puissances de plus en plus importantes avec une meilleure qualité du faisceau. Dans cet objectif, nous avons proposé une architecture laser impulsionnel pouvant délivrée des hautes puissances, cette architecture est entièrement fibré passivement Q-déclenché par un absorbant saturable. Dans le but d'avoir une bonne qualité spatiale et spectrale du faisceau laser et des hautes puissances, des fibres spéciales telles que des fibres à large mode de surface (LMA) et à double gaines (DCF) ont été utilisées dans l'architecture proposée du laser. Le fonctionnement de ce laser est modélisée par les équations cinétiques avec le model ponctuelle, et puis des simulations numériques ont été faite pour prédire le fonctionnement et les performances d'un tel laser. Le travail réalisé a été subdivisé en quatre étapes développées dans les quatre chapitres présentés dans cette thèse.

Dans un premier temps, nous avons fait des rappels sur le principe de base de la physique des fibres optiques à savoir : la condition de guidage monomode, et aussi sur le principe de fonctionnement des fibres spéciales telle que les fibres LMA, DCF, et les fibres microstructurées. Ensuite nous avons rappelé quelques effet non linéaires et calculer leur seuil d'apparition pour l'architecture proposée du laser afin de les évitées. Ces rappels sont important pour la compréhension du fonctionnent et du but des architectures lasers qui sont décrites dans l'état de l'art et aussi de l'architecture laser qu'on a proposée.

Dans un deuxième temps, nous avons décrit le principe de fonctionnement des lasers Q-déclenché, et puis nous avons discuté physiquement et d'une manière qualitative sur qu'elle paramètres doit on agir pour avoir un fonctionnement de haute puissance avec des impulsions de largeurs à mie hauteurs de courtes durées, et puis nous avons décrit le principe de fonctionnement des modulateurs qui sont communément utilisés dans le Q-déclenchement des lasers, et puis dans l'état de l'art, nous avons présenté ce qui s'est fait ces dernières années dans les lasers à fibres qui fonctionne en continu et en impulsionel activement et passivement Q-déclenché.

Dans le troisième chapitres, nous avons présenté le schéma expérimental proposé d'un laser entièrement fibré on décrivant l'utilité de chaque élément le composant pour avoir un fonctionnement de haute puissance, et puis nous avons développé un modèle théorique sur le fonctionnement d'un tel laser, ce modèle très commun dans la littérature, est le modèle ponctuel, il est basé sur les équations d'évolutions des populations des niveaux électroniques des dopants, et de la densité de photons de la cavité laser par des équation différentiels non linéaire, une comparaison entre les résultats expérimentaux et les résultats de simulations d'un laser à fibre fabriqué au LPMC de Nice est faite, un accord qualitative est trouvée, ou l'ordre de grandeur de la puissance crête et la largeur à mi-hauteur et la fréquence de répétitions des impulsions est comparable, cependant ceci est réaliser en diminuant de beaucoup les pertes de la cavité de ce laser, ces pertes on croit quelles sont due aux pertes liée à l'émission spontanée amplifier produite par le gain large du milieu amplificateur et au spectre étroit des réseaux de Bragg du laser.

Dans le quatrième chapitres nous avons pu nous attardé à l'objectif du projet, nous avons étudié les différents régimes de fonctionnements du laser à fibre proposé par la méthode de stabilité linéaire, nous avons alors observé la possibilité de l'existence de trois régimes de fonctionnement en faisant varier la puissance de pompe, un régime continu, impulsionnel et sinusoïdal. Nous avons aussi observé deux genres de comportements du laser selon la densité d'ions absorbant saturable: un comportement auto-impulsionnel de faible amplitude délivrant quelque dizaines de watts, et un comportement auto-impulsionnel de forte amplitude délivrant plusieurs KW. Le régime de faible amplitude est obtenu loin de la concentration de la zone du point critique, par contre le régime de forte amplitude est obtenu au voisinage de la concentration du point critique, pour ce régime de forte amplitude le laser est optimisé en termes de puissance crête et de largeur à mi-hauteur des impulsions, la dynamique des deux régimes est aussi étudier. En fin nous avons pu donner une équation analytique pouvant donner la concentration du point critique pour lequel laser est optimisé sans avoir recours aux simulations numériques.

A travers notre étude et par le biais des simulations numériques, nous avons pu montrer la possibilité de fabriqué un laser entièrement fibré passivement Q-déclenché de puissance pouvant délivrer des puissances crêtes aussi élevées que quelques KW et avec un faisceau de très bonne qualité spatiale.

Annexe

Script Matlab

Dans Matlab il existe plusieurs résolveurs qui permettent d'intégré un système d'équations différentielles non linéaires avec conditions initiales, ces résolveurs sont : `ode45`, `ode23`, `ode113`, `ode15s`, `ode23s`, `ode23t`, ou `ode23tb`. Dans nos simulations nous avons utilisé le résolveur ode15s. Cette commande nécessite que le système d'équations différentielles soit mis sous forme matricielle.

$$\begin{bmatrix} \dfrac{dy_1}{dt} \\ \dfrac{dy_2}{dt} \\ \dfrac{dy_3}{dt} \end{bmatrix} = \begin{bmatrix} f_1(y_1, y_2, y_3) \\ f_2(y_1, y_2, y_3) \\ f_3(y_1, y_2, y_3) \end{bmatrix}$$

La procédure se déroule en plusieurs étapes, un premier script interactif « **caractéristique2** » permet à l'utilisateur de modifier les paramètres et de sauvegarder les différents paramètres sous forme d'un vecteur. Un second script « **qswitch2** » permet de définir le système d'équations différentielles sous forme matricielle. Un troisième script « **impulsion** » permet de calculé les différentes caractéristiques des impulsions à savoir la fréquence de répétition, la largeur à mie hauteur, la puissance moyenne et la puissance crête des impulsions, en fin un dernier script « **main2** » pour la résolution du système d'équations différentielles.

Bibliographies

[1] LIMPERT et al, "100-W average-power, high-energy nanosecond fiber amplifier", Appl. Phys. B 75, p. 477, 2002.

[2] ALVAREZ CHAVEZ et al, "mode selection in high power cladding pumped fiber lasers with tapered section", Proceedings of Conference on Lasers and Electro-Optics, 2001.

[3] WANG et al, "Efficient single mode operation of a lading pumped Ytterbium-doped helical core fiber laser" Optics Lett. 31, pp 226-229, 2006.

[4] J.C. Knight, T.A. Birks, P.St.J. Russell and D.M. Atkin, `` All-silica single-mode fiber with photonic crystal cladding``, Opt Lett.21, 1547-1549. 1996.

[5] P.V. Kaiser and H.W. Astle, `` Low loss single material fibers made from pure fused silica`` The Bell System Technical journal, 53, 1021-1039. 1974.

[6] WANG et al, "Efficient single mode operation of a clading pumped Ytterbium-doped helical core fiber laser" Optics Lett. 31, pp 226-229, 2006.

[7] These de Yohann Jestin, Université du Maine, Verre fluorés a base de fluoro-indate et fluor-gallate pour l'amplification optique : fibre a forte ouverture numérique, guide d'onde planaire et spectroscopie des ions de terre rare, 2002

[8] P.Roy, Thèse 1997 (Laser déclenchés à fibre dopée à l'Erbium pour application à la télémétrie), UNSAP

[9] *Govind P. Agrawal, "Nonlinear Fiber Optics", 3rd Edition, University of Rochester, Rochester, New York, USA, 2001.*

[10] A.S. Kurkov, V.V. Dvoyrin, V.M. Paramonov, O.I. Medvedkov, and E.M. Dianov" All-fiber pulsed Raman source based on Yb:Bi fiber laser" Laser Phys. Lett. 4, No. 6, 449–451 (2007)

[11] thèse de Gruppi Delphine, Etude de sources laser impulsionnelles haute cadence pour l'infrarouge utilisant la conversion Raman dans les fibres optiques, université Louis Pasteur Strasbourg, 2008

[12] M. Laroche, H. Gilles, and S. Girard; High-peak-power nanosecond pulse generation by stimulated Brillouin scattering pulse compression in a seeded Yb-doped fiber amplifier; 2011 / Vol. 36, No. 2 / OPTICS LETTERS

[13] A. Fellegara, M. Artiglia, S. B. Andereasen, A. Melloni, F. P. Espunes, and M.Martinelli, Electron. Lett. 33, 1168 (1997).

[14] thèse de Lei Pan, Experiment and Modeling of Passively Q-Switched Ytterbium Doped Double-Clad Fiber Lasers; University of Alberta; 2010

[15] Johan Boullet, Romain Dubrasquet, Capucine Médina, Ramatou Bello-Doua, Nicholas Traynor, and Eric Cormier; Millijoule-class Yb-doped pulsed fiber laser operating at 977 nm; OPTICS LETTERS / Vol. 35, No. 10 / May 15, 2010

[16] Y. Jeong, J. K. Sahu, D. N. Payne, J. Nilsson, "Ytterbium-doped large-core fiber laser with 1.36 kW continuous-wave output power," Vol. 12, No. 25, 6088-6092, OpticsExpress, 2004.

[17] H. L. Offerhaus, N. G. Broderick, and D. J. Richardson, "High energy single-transverse-mode Q-switched fiber laser based on a multimode large-mode-area erbium-doped fiber," Optics Letters, Vol. 23, No. 21, 1998.

[18] R. Paschotta, R. Haring, E. Gini, H. Melchior, U. Keller, "Passively Q-switched 0.1mJ fiber laser system at 1.53 µm," Optics letters, Vol.24, N° 6, 1999.

[19] L .Tordella, H . Djellout, B. Dussardier, A. Saissy and G. Monnom "High repetition rate passively Q-switched $Nd^{3+}:Cr^{4+}$ all-fiber laser. Electronics Letters 4th September 2003 Vol.39No.18.

[20] A. V. Kir'yanov, V. N. Filippov, and A. V. Lukashev (Modeling of All-Solid-State Erbium Fiber LaserPassively Q-Switched with Co^{2+}:ZnSe Crystal; Laser Physics, Vol. 12, No. 4, 2002, pp. 684–690.

[21] Fadi Qamar,Terence A. King ;Short-pulse,high-peak-power Q-switched Tm–silica fibre laser at 1.9 mm; Optics & Laser Technology 38 (2006) 1–7

[22] Q. Li, Y. Zheng, Z.Wang, and T. Zuo, "A novel high peak power double AO Q-switched pulse Nd :YAG laser for drilling," Optics and Laser Technology, vol. 37, p. 357, july 2004.

[23] Y. Li, Q. Wang, S. Zhang, X. Zhang, Z. Liu, Z. Jiang, Z. Liu, and S. Li, "A novelLa3Ga5SiO14 electro-optic Q-switched Nd :LiYF (Nd :YLF) laser with a cassegrain unstable cavity," Optics Communications, vol. 244, p. 333, january 2005.

[24] D. C. Jones and D. A. Rockwell, "Single-frequency, 500-ns laser pulses generated by a passively Q-switched Nd laser," *Applied Optics*, vol. 32, p. 1547, march 1993.

[25] Dynamics of vectoriel Neodymium-doped fiber laser passively Q-switched by a polymer based saturable absorber. G. Martel et al (article de conference).

[26] J. Y. Huang, H. C. Liang, K. W. Su, and Y. F. Chen " Analytical model for optimizing the parameters of an external passive *Q*-switch in a fiber laser" 2008 / Vol. 47, No. 13 / APPLIED OPTICS.

[27] M. Laroche, H. Gilles, S. Girard, N. Passilly, and K. Aït-Ameur,"Nanosecond pulse generation in a passively Q-switched Ybdoped fiber laser by Cr^{4+}:YAG saturable absorber," IEEE Photon. Technol. Lett. 18, 764–766 (2006).

[28] L. Pan, I. Utkin, and R. Fedosejevs,\Passively Q-switched ytterbium doped double-clad _ber laser with a Cr^{4+}:YAG saturable absorber,"*IEEE Photon. Technol. Lett.* 19, 1979-1981 (2007).

[29] Lei Chena; Shengzhi Zhaoa, Jiaan Zhenga, Zhenxiang Chengb, Huanchu Chenb," Characteristics of a passively Q-switched Nd3+:NaY(WO4)2 laser with Cr4+:YAG saturable absorber" Optics & Laser Technology 34 (2002) 347 – 350.

[30] V. N. Philippov, A. V. Kiryanov, and S. Unger, "Advanced configuration of erbium fiber passively Qswitched laser with Co2+: ZnSe crystal as saturable absorber," IEEE Photon. Technol. Lett. **16**, 57-59 (2004).

[31] U. Keller, D. A. B. Miller, G. D. Boyd, T. H. Chiu, J. F. Ferguson, and M. T. Asom, "Solid-state low-loss intracavity saturable absorber for Nd:YLF lasers: an ntiresonant semiconductor fabry-perot saturable absorber," *Optics Letters*, vol. 17, no. 7, p. 505, 1992.

[32] R. J. Lan, L. Pan, I. Utkin, Q. Ren, H. J. Zhang, Z. P. Wang, and R.Fedosejevs, \Passively Q-switched Yb^{3+} : $NaY(WO4)2$ laser with GaAs saturable absorber," *Opt. Express*, 18, 4000-4005 (2010).

[33] J.-B. Lecourt, G. Martel, M. Gue´zo, C. Labbe, S. Loualiche``Erbium-doped fiber laser passively Q-switched by an InGaAs/InP multiple quantum well saturable absorberOptics Communications 263 (2006) 71–83.

[34] U. Keller, K. J. Weingarten, F. X. Kärtner, D. Kopf, B. Braun, I. D. Jung, R. Fluck, C. Hönninger, and N. Matuschek, "Semiconductor saturable absorber mirrors (sesams) for femtosecond to nanosecond pulse generation in solid-state lasers," *IEEE J. Selected Topics in Quantum Electronics*, vol. 2, p. 435, 1996.

[35] G. J. Spuhler, R. Paschotta, R. Fluck, B. Braun, M. Moser, G. Zhang, E. Gini, and U. Keller, "Experimentally confirmed desiqn quidelines for passively Q-switched microchip lasers using semiconductor saturable absorbers," *Journal of Optical Society of America B*, vol. 16, p. 376, march 1999.

[36] J. Y. Huang, W. C. Huang, W. Z. Zhuang, K. W. Su, Y. F. Chen, and K. F. Huang ``High-pulse-energy, passively Q-switched Yb-doped fiber laser with AlGaInAs quantum wells as a saturable absorber``OPTICS LETTERS / Vol. 34, No. 15 / August 1, 2009

[37] P. Adel, M. Auerbach, C. Fallnich, S. Unger, H.-R. Müller, J. Kirchhof``Passive Q-switching by Tm3+co-doping of a Yb3+-fiber laser20 October 2003 / Vol. 11, No. 21 / OPTICS EXPRESS 2730.

[38] Stuart D. Jackson ``Passively Q-switched $Tm^{3+}$-doped silica fiber lasers`` APPLIED OPTICS _ Vol. 46, No. 16 _ 1 June 2007

[39] *A.S. Kurkov*, Q-switched all-fiber lasers with saturable absorbers, Laser Phys. Lett., 1–8 (2011)

[40] Tzong Yow Tsai, Yen-Cheng Fang," A saturable absorber Q-switched all-fiber ring laser", 2009 Optical Society of America

[41] Tzong-Yow Tsai, Yen-Cheng Fang and Shih-Hao Hung `` Passively Q-switched erbium all-fiber lasers by use of thulium-doped saturable-absorber fibers`` 10 May 2010 / Vol. 18, No. 10 / OPTICS EXPRESS.

[42] Bernard Dussardier, Jérôme Maria, Pavel Peterka ``Passively Q-Switched Ytterbium- and Chromium-doped All-Fiber Laser, "Applied Optics 50, 25 (2011).

[43] A.S. Kurkov, ,E.M. Sholokhov, A.V. Marakulin, and L.A. Minashina `` Dynamic behavior of laser based on the heavily holmium doped fiber`` Laser Phys. Lett. 7, No. 8, 587–590 (2010).

[44] D.-P. Zhou, L. Wei, B. Dong, W.-K. Liu, Tunable passively Q-switched erbiumdoped fiber laser with carbon nanotubes as a saturable absorber, IEEE Photon.Technol. Lett. 22 (2010) 9–11.

[45] Bo Dong, Jianzhong Hao, Junhao Hu, Chin-yi Liaw ``Short linear-cavity Q-switched fiber laser with a compact short carbon nanotube based saturable absorber``Optical Fiber Technology 17 (2011) 105–107.

[46] Z._C. Luo, J._R. Liu, H._Y. Wang, A._P. Luo, and W._C. Xu, ``Wide_Band Tunable Passively Q_Switched All_Fiber Ring Laser Based on Nonlinear Polarization Rotation Technique, Laser Physics, 2012, Vol. 22, No. 1, pp. 203–206.

[47] X. M. Wei, S. H. Xu, Q. Qian, G. P. Dong, Z. M. Yang, and J. R. Qiu, Laser Phys. **21**, 931 (2011).

[48] T. H. Maiman, "Stimulated optical radiation in ruby," *Nature*, vol. 187, p. 493, 1960.

[49] Snitzer, E. Proposed fiber cavities for optical lasers. *J. Appl. Phys. 32*:36–39, 1961.

[50] *Michel J. F.Digonnet,``Rare Earth Doped Fiber Lasers and Amplifiers``,ed. Marcel Dekker.*

[51] V. Dominic, S. MacCormack, R. Waarts, S. Sanders, S. Bicknese, R. Dohle, E. Wolak, P. S. Yeh, E. Zucker, "110W Fiber Laser," Electronics Letters, Vol. 35, No. 14, 8th, July 1999

[52] Y. Jeong, J. K. Sahu, D. N. Payne, J. Nilsson, "Ytterbium-doped large-core fiber laser with 1.36 kW continuous-wave output power," Vol. 12, No. 25, 6088-6092, Optics Express, 2004.

[53] Ya-Xian Fan, Fu-Yun Lu, Shu-Ling Hu, Ke-Cheng Lu, Hong-Jie Wang, Xiao-Yi Dong, Jing-Liang He, Hui-Tian Wang, "Tunable high-peak-power, high-energy hybrid Q-switched double-clad fiber laser," Optics Letters, Vol.29, No. 7, April 2004.

[54] R. Paschotta, R. Haring, E. Gini, H. Melchior, U. Keller, "Passively Q-switched 0.1mJ fiber laser system at 1.53 µm," Optics letters , Vol.24, N° 6, 1999.

[55] A. P. Liu, M. A. Norsen, R. D. Mead, and A. Corporation, Opt. Lett. **30**, 67 (2005).

[56] V. Khitrov, B. Samson, D. Machewwirth, and K. Tankala, Proc. SPIE **6873**, 68730C_1 (2008).

[57] C. G. Ye, P. Yan, Q. Liu, and G. Chen, Opt. Express **14**,7604 (2006).

[58] A. V. Babushkin, D. V. Gapontsev, N. S. Platonov, and V. P. Gapontsev, Proc. SPIE 6102, 60121E_1 (2006).

[59] C. D. Brooks and F. D. Teodoro, Proc. SPIE **6102**,610224_1 (2006).

[60] R. Horiuchi, K. Saiki, K. Adachi, K. Tei, and S. Yamaguchi, Opt. Rev. **15**, 136 (2008).

[91] J. Azkargorta, I. Iparraguirre, R. Balda, J. Fernandez, J. L. Adam, E. Denoue, and J. Lucas, "Site-effects on the laser emission of Nd ions in a new fluoride glass," *J. Non-Cryst. Solids*, vol. 213–214, pp. 271–5, 1997.

[92] D. Marcuse, IEEE journal of quantum electronics. Vol.29.N°8 (1993).

[93] L. Tordella, H . Djellout, B. Dussardier, A. Saissy and G. Monnom "High repetition rate passively Q-switched $Nd^{3+}:Cr^{4+}$ all-fiber laser. Electronics Letters 4th September 2003 Vol.39 No.18.

[94] K. Y. Huang, K. Y. Hsu, D. Y. Jheng, W. J. Zhuo, P. Y. Chen, P. S. Yeh, and S. L. Huang, `` Low-loss propagation in Cr4+:YAG double-clad crystal fiber fabricated by sapphire tube assisted CDLHPG technique. August 2008 / Vol. 16, No. 16 / OPTICS EXPRESS.

[95] B. Dussardier, thèse, 1992. ('Fibre optiques dopées aux terre rares, fabrication, caractérisation, et amplification sélective'). UNSAP.

[96] The Math Work. 'Matlab, Manuel d'utilisation'. (chapitre 15).

[97] M. Benarab, R. Mokdad, H. Djellout, A. Benfdila, O. Lamrous and P. Meyrueis, Optical Engineering 50, 094201 (2011).

[98] L. G. Luo and P. L. Chu. "Passive Q-switched erbium-doped fiber laser with saturable absorber". Opt. Commun. 161, 257–263, 1999

RESUME :

Ces dernières années, de grands efforts ont été déployés pour concevoir des lasers à fibres de haute puissance. Dans cette thèse, nous avons proposé une architecture laser entièrement fibré passivement Q-déclenché par absorbant saturable. Ce laser présente l'avantage d'être compact et léger, ne nécessitant pas l'alignement de ces différents éléments. La cavité laser est constituée de deux réseau de Bragg, d'un milieu actif qui est une fibre LMA à double gaine dopée Nd^{3+} et d'un absorbant saturable qui est aussi une fibre LMA dopée Cr^{4+}. La modélisation de ce laser montre deux régimes de fonctionnement en fonction de la densité de l'absorbant saturable, un régime de faible amplitude délivrant des faibles puissances crêtes pour des concentrations d'absorbant saturable très inferieur à la concentration du point critique et un régime de forte amplitude délivrant des puissances crêtes de plusieurs KW pour des concentrations d'absorbant saturable proche du point critique. En fin, grâce à l'étude de la stabilité linéaire, nous avons pu donner une équation analytique pouvant donner la concentration du point critique pour lequel laser est optimisé sans avoir recours aux simulations numériques.

SUMMARY:

In recent years, great efforts have been made to develop high power fiber lasers. In this thesis, we proposed an architecture of an all fiber passively Q-swished by saturable absorber. This laser has the advantage of being compact and lightweight, requiring no alignment of these elements. The laser cavity consists of two Bragg grating, the active medium is made by double clad LMA fiber doped with Nd^{3+} and a saturable absorber which is also an LMA fiber doped with Cr^{4+}. The modeling of this laser shows two operating regimes depending on the density of the saturable absorber, a regime of low amplitude delivering low peak power for very lower concentration than that of critical point, and a regime of high amplitude delivering high peak power of several KW for concentrations of saturable absorber closed to that of the critical point. In the end, and by the use of the linear stability analysis, we were able to give an analytical equation that can give the concentration of the critical point for which the laser is optimized without resorting to numerical simulations.

Oui, je veux morebooks!

i want morebooks!

Buy your books fast and straightforward online - at one of world's fastest growing online book stores! Environmentally sound due to Print-on-Demand technologies.

Buy your books online at
www.get-morebooks.com

Achetez vos livres en ligne, vite et bien, sur l'une des librairies en ligne les plus performantes au monde!
En protégeant nos ressources et notre environnement grâce à l'impression à la demande.

La librairie en ligne pour acheter plus vite
www.morebooks.fr

VDM Verlagsservicegesellschaft mbH
Heinrich-Böcking-Str. 6-8   Telefon: +49 681 3720 174   info@vdm-vsg.de
D - 66121 Saarbrücken   Telefax: +49 681 3720 1749   www.vdm-vsg.de

Printed by Books on Demand GmbH, Norderstedt / Germany